インプレスR&D［NextPublishing］ New Thinking and New Ways
E-Book / Print Book

はじめての技術書ライティング

IT系技術書を書く前に読む本

向井 領治 ｜ 著

テーマの決め方から
校正の仕方まで
読みやすい本を書くための解説

impress
R&D
An Impress
Group Company

JN194549

はじめに

　本書は、IT系の技術書や読み物の原稿を書きたい方のために、IT系特有の部分を重視してその書き方をわかりやすく、かつ実践的に紹介するものです。

　近年は、技術系同人誌のイベントや、有料で技術系文書を販売できる投稿サイト、自ら電子書籍として販売するセルフパブリッシングなどの出現・発展と相まって、IT系の技術書や読み物を書いてみたいと言われる方が増えています。しかし、文芸書や科学論文の伝統的な書き方の本は多数刊行されているものの、IT系に関しては点数が少ないうえに、現在のメディア状況に沿ったものとは言いがたいところがあります。

　そこで本書では、筆者自身の職業ライターおよびエディターの経験を踏まえたうえで、IT系の技術書や読み物の原稿を書くための基礎知識を、やさしく解説することを心がけました。執筆にあたっては、初めて商業出版物の原稿を書く方を念頭に置きつつ、同人誌やセルフパブリッシング本などでも活用できるように配慮しました。

　本書がカバーするのは、出版物の制作のなかでも、著者が1人で行う工程である原稿執筆が中心ですが、その前後の工程である企画および校正にも、著者が関わる部分に限って解説しています。一方、印刷書籍を制作するための組版や、電子書籍用ファイルの制作、および、それらの流通や販売については、発表するメディアによって作業内容がまったく異なるため、本書では触れません。

　本書が、これからIT系の技術書や読み物を書きたい方のお役に立てれば幸いです。

2018年3月　向井領治

本書で使用する用語

・**「印刷メディア」**：内容、形態、販売方法の違いにかかわらず、印刷メディアを使って発表する形態を指します。具体的には、出版社が制作する書籍、著者自らが頒布する同人誌などです。

・**「電子メディア」**：内容、形態、販売方法の違いにかかわらず、電子メディアを使って発表する形態を指します。具体的には、出版社が制作する電子書籍、著者自らが販売するセルフパブリッシング本、技術系文書の投稿サイトなどです。

・**「出版物」**：メディアにかかわらず、すべての刊行物をまとめて指します。上記の「印刷メディア」と「電子メディア」を合わせたものです。

・**「印刷書籍」**：印刷メディアの書籍を指します。一般的には単に「書籍」と呼ばれますが、本書では電子メディアの「電子書籍」と明確に区別するため、このように呼びます。

・**「技術書」**：技術書にはさまざまなジャンルのものがありますが、本書ではIT系を主な対象とします。煩雑になるため、本文では原則として「IT系」とは記述しません。

・**「レイアウト」**：発表メディアの形態に合わせて、完成した内容をパッケージ化する作業をまとめて指します。印刷メディアではWordやInDesignなどを使った組版作業、セルフパブリッシング本ではいずれかのアプリケーションやWebサービスなどを使ってEPUBやMOBIなどの形式のファイルへ変換する作業などにあたります。

　なお、本書はIT系の技術書や読み物を書きたい初心者に向けて、一般的な書き方を解説するものです。技術文書の書き方に関する資格試験や、企業内での製品マニュアル制作などの目的は想定していません。

目次

はじめに …………………………………………………………………………………… 2
    本書で使用する用語 ………………………………………………………… 3

第1章　準備 ……………………………………………………………………… 9

1.1　なぜ書き方を学ぶ必要があるのか ………………………………… 10
    1.1.1　技術文書の3条件 ……………………………………………… 10
    1.1.2　最初から「よい原稿」を目指す ……………………………… 12

1.2　その1冊にふさわしいルールを作る ……………………………… 14
    1.2.1　1冊の中で一貫性を保つ ……………………………………… 15
    1.2.2　横書きと縦書き ………………………………………………… 16

1.3　出版物として完成するまでの流れ ………………………………… 18
    1.3.1　原則として逆流はしない ……………………………………… 19
    1.3.2　随時バックアップを作る ……………………………………… 20

1.4　電子書籍の基礎知識 ………………………………………………… 21
    1.4.1　サイズと色数 …………………………………………………… 21
    1.4.2　ページの概念 …………………………………………………… 22
    1.4.3　まだ電子書籍を使っていない場合 …………………………… 24

第2章　企画と構成 …………………………………………………………… 25

2.1　テーマを決める ……………………………………………………… 26
    2.1.1　「何を使って」──テクノロジーを決める ………………… 26
    2.1.2　「誰が」──対象層を決める ………………………………… 27
    2.1.3　「何をする」──目的を決める ……………………………… 28
    2.1.4　身近な人から考える …………………………………………… 28
    2.1.5　裏テーマを考える ……………………………………………… 29

2.2　構成を考える ………………………………………………………… 31
    2.2.1　構成を考える方法 ……………………………………………… 31
    2.2.2　一方向に組み立てる …………………………………………… 32
    2.2.3　入門書に忘れがちなこと ……………………………………… 34
    2.2.4　たくさんのことを盛り込まない ……………………………… 34
    2.2.5　スケジュールから考える ……………………………………… 35
    2.2.6　横断的なテーマは難しい ……………………………………… 36

	2.2.7	対象は最新環境とする ………………………………	38

2.3 企画書を書く …………………………………………… 39

	2.3.1	タイトル …………………………………………………	40
	2.3.2	企画要旨 …………………………………………………	41
	2.3.3	目次案 ……………………………………………………	42
	2.3.4	対象読者 …………………………………………………	43
	2.3.5	判型とページ数 …………………………………………	43
	2.3.6	締切 ………………………………………………………	45
	2.3.7	サンプル原稿 ……………………………………………	46

第3章　本文の執筆 ………………………………………………… 49

3.1 ツールの選択 ………………………………………………… 50

	3.1.1	ソフトウェア ……………………………………………	50
	3.1.2	ハードウェア ……………………………………………	51
	3.1.3	執筆画面の設定 …………………………………………	52

3.2 書き方の基本 ………………………………………………… 55

	3.2.1	文体を決める ……………………………………………	55
	3.2.2	名称は正確に ……………………………………………	56
	3.2.3	用語を統一する …………………………………………	60
	3.2.4	事実を確認する …………………………………………	61
	3.2.5	私見は区別する …………………………………………	64

3.3 見出しの付け方 ……………………………………………… 65

	3.3.1	階層は4つまで …………………………………………	65
	3.3.2	番号と記号を付ける ……………………………………	69
	3.3.3	文体をそろえる …………………………………………	71

3.4 本文の書き方 ………………………………………………… 73

	3.4.1	字下げと空白行 …………………………………………	73
	3.4.2	英数字 ……………………………………………………	74
	3.4.3	カタカナ表記 ……………………………………………	78
	3.4.4	カギ括弧 …………………………………………………	79
	3.4.5	強調 ………………………………………………………	80
	3.4.6	ルビ ………………………………………………………	82
	3.4.7	記号 ………………………………………………………	83
	3.4.8	定義の説明 ………………………………………………	89
	3.4.9	箇条書き …………………………………………………	89
	3.4.10	別の箇所の指示 …………………………………………	92
	3.4.11	参考文献の紹介 …………………………………………	94
	3.4.12	著作物の引用 ……………………………………………	97
	3.4.13	脚注 ………………………………………………………	101

3.4.14	リード	102
3.4.15	前書きと後書き	104
3.4.16	カコミ	106

3.5 IT系特有の事項 110
3.5.1	キーボード操作	110
3.5.2	メニューとコマンドの名前	112
3.5.3	Webの紹介	115

第4章 本文の補助要素 117

4.1 ファイルを分けるか検討する 118
4.1.1	作成に使うツール	119
4.1.2	ファイルの渡し方	120
4.1.3	ファイル指定と命名ルール	120

4.2 電子書籍特有の注意 123
4.2.1	サイズに配慮する	123
4.2.2	色数に配慮する	123

4.3 キャプション 127
4.3.1	図を指示する場合	128

4.4 スクリーンショット 129
4.4.1	カスタマイズはしない	129
4.4.2	著者自身の環境との両立	130
4.4.3	Windowsで撮影する	132
4.4.4	macOSで撮影する	132
4.4.5	iOSで撮影する	133
4.4.6	Android OSで撮影する	134
4.4.7	その他の端末で撮影する	134

4.5 写真 135

4.6 概念図 136

4.7 画像への書き込み 139
4.7.1	著者が作成する場合	139
4.7.2	編集者が作成する場合	141

4.8 表 142

4.9 プログラムコード 144
4.9.1	正確に書く	144
4.9.2	インデント量を統一する	146
4.9.3	行ごとに解説する	146

		4.9.4 桁数を合わせたい場合	148

4.10　数式 …………………………………………………………… 150

第5章　推敲と校正 ……………………………………… 151

5.1　粗原稿から完成原稿へ……………………………………… 152
　5.1.1　校正は推敲とどう違うのか …………………………… 152
　5.1.2　なぜ推敲が重要なのか …………………………………… 155
　5.1.3　校正で避けるべきこと …………………………………… 157
　5.1.4　「著者が偉い」は思い違い ……………………………… 159

5.2　推敲の方法………………………………………………… 160
　5.2.1　印刷する ……………………………………………………… 160
　5.2.2　他人に読んでもらう ……………………………………… 162

5.3　悪文の例…………………………………………………… 163
　5.3.1　執筆に疲れてくる ………………………………………… 163
　5.3.2　表記が統一されていない ………………………………… 164
　5.3.3　文や段落が短すぎる／長すぎる ……………………… 164
　5.3.4　接続詞を使わない ………………………………………… 165
　5.3.5　重要なことを途中で書く ………………………………… 166
　5.3.6　1つの文に複数のトピックを入れる ………………… 167
　5.3.7　修飾の関係がわからない ………………………………… 169
　5.3.8　括弧で長い文章を挟む …………………………………… 173
　5.3.9　本文中に箇条書きを挟む ………………………………… 174
　5.3.10　同じ意味を難しく言う ………………………………… 176
　5.3.11　同じ意味を繰り返す …………………………………… 177
　5.3.12　何度も同じ語を使う …………………………………… 178
　5.3.13　ひらがなが長々と続く ………………………………… 179
　5.3.14　難しい漢字を使う ……………………………………… 180
　5.3.15　名詞止め、体言止めを使う ………………………… 184
　5.3.16　名詞を「の」でつなげる …………………………… 185
　5.3.17　過度な造語や当て字をする ………………………… 185
　5.3.18　俗語を使う ……………………………………………… 187
　5.3.19　漢字や慣用句を間違える …………………………… 189
　5.3.20　単語の意味を間違える ……………………………… 190
　5.3.21　専門用語を専門用語で説明する …………………… 192
　5.3.22　主語が読者ではない ………………………………… 193
　5.3.23　コマンド名で指示する ……………………………… 194

5.4　著者校正の方法…………………………………………… 195
　5.4.1　著者校正のツール ……………………………………… 195
　5.4.2　Acrobatの注釈ツール ………………………………… 197

目次　7

5.4.3　ノートを付ける	199
5.4.4　マーカーを引く	203
5.4.5　注釈とコメントはセットで	207

5.5　校了から発売まで … 210
5.5.1　PRは一般向け告知の後で	210

著者紹介 … 213

1

第1章　準備

◉

書き方を学ぶ前に、書き方そのものの考え方を知っておきましょう。また、出版物を制作する流れの概略を、商業出版の場合を例に紹介します。

1.1　なぜ書き方を学ぶ必要があるのか

　文章を書く、つまり、言語を使って表現することは、情報を伝達することです。ここでいう「情報」とは、小説であれば感情や描写、評論であれば意見などにあたりますが、IT系の技術書や読み物ではおもに技術解説になります。

　本書を手に取られた方は、おそらく、ほとんどの方が日本語の文章を十分に読み書きできることでしょう。たまに知らない単語に接することがあったり、書き方に迷うことはあっても、意識して書き方を学ぶ必要は感じないかもしれません。

　とはいえ、世に送り出すからには、好き放題に書くのではなく、読者が求めるものを考え、誰が読んでも内容が伝わるように努めるべきです。そのためには、社会一般に通用する書き方を踏まえる必要があります。このことに、メディアや流通形態の違いはありません。

1.1.1　技術文書の3条件

　発表する、つまり、人に読んでもらうことを前提とする文章を書くにあたっては、ジャンルに関係なく、①正確であることと、②論理的であることが求められます。

　たとえば、「今日の降水確率は0%です」という天気予報を知ったとします。この情報を誰かに伝えるときに、「今日の降水確率は低いです」と書いては、どの程度低いのか示されていないため不正確です。あるいは、「今日の降水確率は80%です」と書いては、たった1文字の違いですが、不正確というよりも、もはや偽情報です。

　また、「今日の降水確率は0%であり、雨傘を持っていく必要がありま

す」と書いては、論理に整合性がありません。何か理由があるのだとしても、そのことが書かれていない以上は、文として非論理的であることに変わりはありません。

そして技術解説の文章には前の2つに加えて、③平易であること、つまり、わかりやすいことがとくに重視されます。もちろん、どのジャンルであっても平易であるほうがよいのですが、技術文書にはとくにその傾向が強いといえます。

たとえば、「今日の降水確率は、昨日よりも20%低い値です」と書いては、今日の降水確率よりも先に昨日のものを調べる手間が発生します。あるいは、「20%と同じだけ低い値が、明日の前日の降水確率と呼ばれているものとして示されています」と書いては、趣旨は間違っていないのに、わかりにくいというよりも情報を伝えるつもりがない、むしろ隠そうとしているように思われます。

ここまでのことは、読者の立場になればわかります。たとえば、未知の技術を学ぼうとして書籍やWebを探すときは、前記した3点を満たすものを探しているはずです。正確でない文章、論理的でない文章、わかりやすくない文章は、後まわしにするか、読まずに済ませることでしょう。

以上のことをまとめると、技術解説の文章を書くときは、①正確であること、②論理的であること、③平易であること、の3点に注意する必要があります。

当然のことを長々と書いているように思うかもしれませんが、これまでの筆者の経験からすると、①②に注意することはあっても、③についてはあまり意識されてこなかったように思えます。しかも残念なことに、①②への配慮が足りないと思われるケースさえも決して少なくありません。

本書ではこれから技術書の書き方を紹介していきますが、この3つの条件は、もっとも基本的な方針です。これ以上は繰り返しませんが、つねに思い出してください。

第1章　準備　11

1.1.2　最初から「よい原稿」を目指す

　小説や評論などと同様に、IT系の技術書や読み物においても、原稿は第一に著者のものです。出版形態にかかわらず、原稿の書き方を踏まえ、著者としての仕事をやり遂げるように努めてください。

　同人誌やセルフパブリッシング本の場合は、合同誌や雑誌形態の場合を除き、誰もフォローしてくれないので、そもそも著者自身が書き方を学び、実践するしかありません。

　一方、商業出版の場合は、著者が執筆した原稿を受け取り、「商業出版物として必要な形態」に整える作業を、出版社と契約した人間が担当します。これらの作業をまとめて「編集」、編集を行う人間を「編集者」と呼びます。

　編集の作業には、著者との折衝、企画の立案と改善、予算と進行の管理、表紙および紙面デザイナーの選定、印刷所の手配、書店向け紹介文の作成などさまざまなものが含まれますが、最も重要な作業の1つが「原稿の整理」です。ここでいう「整理」には、誤字脱字のチェックから事実関係の裏付け調査まで含まれますが、実際にどこまで行うかは企画によって異なります。

　ときどき、誤字脱字を直すことが編集者の仕事だと思い込んでいるのか、ほとんど見直しをしないまま原稿を提出してくるケースがあります。しかし、編集者が1冊あたりにかけられる時間には限界があります。もしも、その時間を誤字脱字の修正に取られてしまえば、それ以上に原稿の質を高める仕事はできなくなります。

　たしかに実際には、書き方のルールからある程度外れた原稿を提出しても、たいていの場合は編集者が代わりに整えてくれるはずです。極端に言えば、誤字脱字だらけの原稿を提出しても、編集者が黙ってすべて直してくれる場合もあるでしょう。ただし、その編集者から次の原稿を依頼されるかはわかりません。場合によっては、提出した原稿さえ書き

直しを求められたり、企画自体がボツとなるかもしれません。

　原稿をよりよい形で出版物にするためには、編集者に頼るのではなく、著者が最初からできるかぎりよい原稿を書く必要があります。完璧である必要はありませんが、完璧を目指す必要はあります。

《商業出版の場合》

　編集者は、出版社の社員である場合と、独立した編集プロダクションやフリーランスなど外部スタッフの場合があります。著者としては気にする必要はとくにありません。

　一般的に、企画がスタートすると1人の編集者が担当に付きますが、1冊に関わる編集者は1人だけではありません。編集長やほかの編集者なども、企画や内容を会議で検討したり、個別の作業を分担したり、切りのよい段階でチェックに参加するなど、複数の人間が関わることが多くあります。また、1人が1冊の企画に張りつくことはまれで、ほとんどの場合は数冊の企画を並行して扱います。

1.2　その1冊にふさわしいルールを作る

　本書ではこれから技術書や読み物の書き方を紹介していきますが、これは出版界における唯一絶対のルールではありません。そもそも、唯一絶対のルールというものはありません。おおむねこう書くほうがよいという書き方はありますが、小説のジャンルや文体がさまざまであるように、技術書や読み物の書き方にもさまざまなものがあります。

　重要なことは、唯一絶対のルールを打ち立てて機械的に合わせることではなく、その企画内容や対象層など、さまざまな要素を考慮したうえで、その出版物自身と読者にとって最もふさわしいものになるように、1冊ずつ判断し、その1冊でのルールを作ることです。
「わかりやすさ」でさえも、企画内容や文脈などによって変わります。たとえば、「今日の降水確率は0%です」と書かずに、「今日の降水確率は、昨日よりも20%低い値です」と書いても、文脈によっては昨日との比較のほうが重要である場合も考えられます。「今日は0%」と書くほうがよいのか、「昨日よりも20%低い」と書くほうがよいのか、あるいは多少長くなってでも「今日の降水確率は0%で、昨日よりも20%低い」と両方書くほうがよいのか、さまざまな場合がありえます。しかし、ただ単にたくさん書けばよいというものではありません。文字数が多くなると読者は読まなくなるからです。

　つまり、「わかりやすさ」を追求するには、テーマにとってよりふさわしいこと、この1冊の読者が求めているであろうことを、著者が考えて書く必要があります。この課題に正解はありませんが、人に読んでもらう以上は、わかりやすい文章を書くように努める必要があります。

　本書の内容も、筆者自身の経験によるいわば"私家版"ルールでしかないので、逐一従う必要はありません。本書の内容を大まかな基準とし

14 | 第1章　準備

たうえで、自分がいま書いている原稿ではどのような書き方をするのがよいのか、その1冊にふさわしいルールを考えてください。

1.2.1　1冊の中で一貫性を保つ

本書で書き方のルールを示すとき、「AとBのどちらかで表記」など、複数の基準を示すことがあります。このような場合は、その1冊の企画や対象層などによってどちらがふさわしいか検討したうえで、どちらかに統一してください。1冊のなかで複数のルールを混在させてはいけません。

たとえば、1冊のなかで「メディア」と「媒体」、「Google」と「グーグル」などの複数の表記が混在する場合、これらは同じことを指しているのか、著者が何かの基準で使い分けをしているのか、実はまったく別のものなのか、読者にはわかりません。用語だけでなく、ルールに関しても同じです。

不要な混乱を引き起こさないよう、「1冊のなかでの一貫性」についてはとくに注意してください。完全に統一することは現実的ではありませんが、できるだけ統一するように努めてください。

ただし、原稿を書いている間は、同じ意味のことを別の用語で書いてしまったり、同じ書式であるのに異なる書き方をしてしまうことがあります。このような問題を防ぐには、2つの方法があります。

① 「メーカーの名前はカタカナ表記を原則とする」などのルールを決めたら一覧として書き出しておき、つねに参照できるようにして執筆を進めます。執筆中に新しいルールの必要性を感じたら、随時追加します。

② 一通り原稿を書き終えた後に、似た用語や書式がほかの箇所にないか、気になるものがあれば検索機能を活用して確認します。

どちらかだけでは不完全ですので、執筆中は①、書き終えた後の確認では②の方法で確かめて、何度でもチェックしてください。

一方、日常的に使われる一般的な言葉については、読者が誤解するおそれはほとんどないので、統一しなくてもかまいません。たとえば、「確かめる」「確認する」「チェックする」などの表現が混在してもかまいません。しかし、「確かめる」と「たしかめる」は漢字表記の違いですので、統一すべきです。

なお、合同誌のように著者が複数になる場合は、著者としては自分の原稿にだけ配慮すれば十分です。他人の書き方に合わせる必要はありません。ただし、編集者から指示がある場合は、原則としてそれに従ってください。

本書は著者向けの解説書ですので編集方針の決め方については述べませんが、著者が複数になる共著書の場合は、「1冊全体のルール」と「各記事内のルール」の両方に配慮しつつバランスを取る必要があります。

1.2.2　横書きと縦書き

日本語の出版物には縦書きと横書きがありますが、IT系の技術書ではアルファベットや数字を扱うことがとくに多いため、読み物の性格が強いものを除き、横書きをおすすめします。本書では、横書きのメディアで発表することを前提にしています。

横書きと縦書きでは、書き方のルールにもさまざまな違いがあります。たとえば、縦書きではアルファベットよりもカタカナが、アラビア数字よりも漢数字が多用されます。横書きでは「Twitter」「1,024.5」と書く場合でも、縦書きでは「ツイッター」「一〇二四・五」と書くほうが読みやすいからです。ただし、企画によってはアルファベットやアラビア数字を全角文字にしたり、半角文字を横倒しするほうがよいと判断されることもあります。ほかにも縦書き特有のさまざまなルールがありますが、

本書では触れません。

　なお、商業出版されている雑誌に限定すると縦書きのほうがむしろ多く見られますが、それらは記事1点あたりの文字量が少なく、読み物としての性格を重視しているからでしょう。

1.3　出版物として完成するまでの流れ

　企画立案から始まり、出版物として完成するまでの流れを、著者の立場から見ると、おおよそ次のようになります。

●企画立案から完成までの流れ

① 企画を立てる

② 構成を考える

③ 原稿を執筆する

④ 必要に応じて、原稿を補助する要素を手配する（→下書きの完成）

⑤ 原稿を自分でチェックし、修正する（「推敲」（すいこう）と呼びます）

⑥ ⑤を繰り返し、原稿として完成する（「脱稿」（だっこう）と呼びます）

⑦ 発表メディアに応じてレイアウトする（商業出版の場合は編集者の仕事ですので、著者は待つばかりです）

⑧ 出版物としての体裁をチェックする（「校正」（こうせい）と呼びます）

⑨ 完成！

　この一覧には記入していませんが、①〜⑥のすべての段階で、調査や検証の作業が必要になります。とくに技術書では最も重要な作業ですので、随時行ってください。

　⑦レイアウトの作業には、表紙デザインの制作や本文の割付など、出版物にとって重要なものが含まれますが、発表メディアによって仕様や作業内容がまったく異なります。また、誰が行うにしても、著者として

担当する作業ではありません。よって、本書では扱いません。

⑧校正の作業は、自主出版のように著者が自分で行う場合と、商業出版のように編集者と協力して行う場合があります。本書では後者を中心に紹介しますが、著者自身が行うときにも役割や工程がわかりやすくなるので参考にしてください。

なお、実際にはこの後も発売まではさまざまな作業がありますが、著者として直接関わる作業ではないため、本書では詳しくは触れません。

1.3.1　原則として逆流はしない

出版物の制作工程は、原則として逆流することを想定していません。そのため、逆流が必要な作業が発生するとそのたびに多くの作業がやり直しになり、制作現場の混乱を引き起こしたり、制作期間の長期化を招きます。著者としてもこのことをよく心得てください。

出版物制作の現場はコンピュータの導入や自動化が進んでいますが、いまでもほとんどの作業は、人間が目で読み、手を動かして行っています。誤字脱字のチェックさえ、コンピュータ任せにはできません。さまざまな試みはありますが、工程を逆流しても許容できるほどではありません。

順調に制作を進めるには、前に示した制作工程を、できるだけ確実に1段階ずつ積み上げることが必要です。たとえば、⑤推敲が不十分であると、原稿に誤字脱字が多く残ったままになるおそれがあります。そのまま後の工程へ進んでしまい、もしも⑧校正の段階で大量の誤字脱字が発覚すると、⑦レイアウトへ戻って大量のやり直し作業が発生します。

制作を効率的に進めるには、それぞれの段階でできるだけ完璧に仕上げることが必要です。現実には、本当に完璧にすることはできませんし、どれだけ念入りに作業したつもりでも必ず何らかの問題は残ります。しかし、逆流することを前提にはできません。このことは、多くのスタッ

第1章　準備　19

フが関わる商業出版では当然ですが、1人で行う場合でも作業を効率化するのに役立つので参考にしてください。

　なお、出版物の制作をソフトウェアにおけるアジャイル開発のように考える方もいますが、それは原稿執筆までの段階のことです。いったん脱稿して校正の段階へ進んだ後のことを考えると、建築物や料理のイメージでとらえるほうが適切です。未来の出版システムのことはわかりませんが、少なくとも現在の商業出版のシステムはウォーターフォール型が前提と考えてください。

1.3.2　随時バックアップを作る

　集めた資料や執筆中の原稿は、確実にバックアップを取りましょう。突然、執筆に使っているパソコンが起動不能になったり、ハードディスクが壊れたりしても、資料や原稿は守ってください。

　特別なツールを使う必要はありません。代表的な方法を次にあげますので、重要度や予算に応じて検討してください。

- ・USBメモリなど、外付けのストレージへ手作業でコピーする。
- ・DropboxやGoogleドライブなど、クラウドストレージを利用して同期する。
- ・Windows 10の「ファイル履歴」や、macOSの「Time Machine」を使う。外付けのハードディスクなどが必要だが、いずれもOSの内蔵機能であり、段階的に履歴を自動作成できる。

1.4　電子書籍の基礎知識

　電子書籍の普及に伴い、印刷書籍と電子書籍の両方に配慮した原稿を求められることが増えています。とくに、IT系の技術書や読み物は、読者、著者、出版社のいずれも比較的ITリテラシーが高いため、ほかのジャンルに比べて電子書籍への要望が高い傾向にあります。

　電子書籍に関してはさまざまな議論があり、本書をお読みの方のなかには否定的な意見を持つ方もいることでしょう。しかし著者としては、自分で電子書籍を利用していない場合でも、電子書籍の仕組みを理解して原稿を書くことが求められます。

　電子メディア特有の仕様として、①表示環境は読者の端末に依存することと、②ページの概念の有無、という2点を理解する必要があります。ここでは基礎知識を紹介しますが、より具体的な注意点については本書のなかで順次紹介します。

1.4.1　サイズと色数

　印刷書籍では、出版物のサイズと色数は制作者側で唯一のものに決められるため、著者もそれを前提に執筆できます。たとえば、サイズが大きければ複雑な図も大きく掲載できますし、カラーであれば鮮明なイラストや写真が使えます。

　一方、電子書籍を閲覧するためのツールにはさまざまなものがあり、読者は好きな端末を選べるため、端末によってサイズと発色数が異なる点に注意して制作する必要があります。

　画面サイズの点から見ると、実際にユーザーがいるかどうかはともかく、5インチ程度のスマートフォンから、32インチを超えるような大型

ディスプレイを備えたパソコンまで、さまざまなサイズで閲覧される可能性があります。

　発色数の点では、タブレットやスマートフォンのようなフルカラーを表示できる端末のほうが主流ですが、アマゾンの「Kindle Paperwhite」や、楽天の「kobo aura」など、グレースケール表示の端末も読みやすさの点から人気があります。

1.4.2　ページの概念

　電子書籍の制作方法には、大きく分けて「固定レイアウト型」と「リフロー型」の2種類があります。両者の最大の違いは、印刷書籍の「ページ」に相当する概念の有無です。

　固定レイアウト型では、印刷書籍向けに作られたページをレイアウトを保ったまま、カメラで撮影するように電子化します。具体的には、雑誌、漫画、実用書など、レイアウトが複雑であり、レイアウト自体が意味を持つようなジャンルのものに多く使われています。

　固定レイアウト型で作られた電子書籍の表示を拡大すると、虫眼鏡で拡大したときと同じように、レイアウトを保ったまま拡大します。画面からはみ出る場合でも画面の端で折り返されないため、1行の文字が多いときは読みづらくなります。

　電子書店によっては、一部のタイトルに「この商品は文字サイズの変更ができません」「この商品は、文字列のハイライトや検索、辞書の参照、引用などの機能が使用できません」などの注意書きが添えられていることがあります。これは「この電子書籍は固定レイアウト型です」という意味です。

　一方、リフロー型で作られた電子書籍では、文字や写真などのデータと、その並び順だけを指定します。内容のほとんどが文字で構成される、小説、エッセイ、評論、ノンフィクションなど、レイアウトが単純なジャ

ンルのものに多く使われています。

　リフロー型の電子書籍では本文がテキストデータとして配置されるため、ワープロソフトで本文の文字サイズを変えるのと同じように、文字サイズを端末側で変えられます。文字サイズを変更すると、画面サイズに合わせて表示する範囲も自動的に変わり、画面の端で本文が折り返します。このような動作を、書籍の内容を液体に見立てて、「リフロー」（流し込みをやりなおす）と呼びます。さらに、閲覧アプリなどによっては、余白や行間の幅、基本フォントもユーザーが変えられます。

●リフロー型と固定レイアウト型の違いは拡大したときにわかる

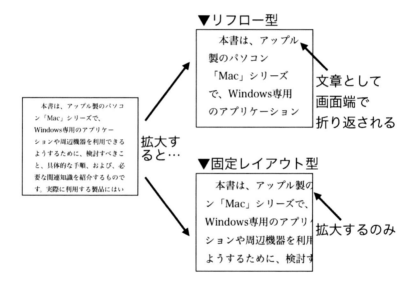

　個別のタイトルで、固定レイアウト型とリフロー型のどちらが採用されるかは、企画によりさまざまです。技術書はレイアウトが複雑なことが多く、印刷書籍の紙面をそのまま流用できることから、固定レイアウト型のほうが主流です。一方、電子書籍の制作体制が整うにつれて、リ

フロー型を採用する出版社も増えています。

1.4.3　まだ電子書籍を使っていない場合

　まだ電子書籍を使っていない場合は、前記の2点を体験するためにも、無料で使える範囲でかまわないので、出版物がどのように読まれるのか実際に試してください。

　ほとんどの電子書店では、無料のタイトルを多数用意しているうえに、スマートフォンやタブレットなど複数の種類の端末に対応するため、すでに所有しているもので間に合うでしょう。電子書店によっては詳しい初心者向けのガイドを用意していることがあります。

2

第2章　企画と構成

●

テーマと構成を考え、内容を具体化していきましょう。商業出版では必須になる企画書ですが、個人で制作する場合にも企画を具体化するために役立ちます。

2.1　テーマを決める

　最初に「テーマ」を決めます。読み物の場合は、技術者の自伝やインタビュー、技術史などが考えられますが、技術の部分については技術書と共通要素が多いので、本書では技術書の場合を中心に考えていきます。技術以外の部分については、一般的なノンフィクションやエッセイなどの書き方を参考にしてください。

　技術書の場合は執筆を思い立った時点でテーマ選びに迷うことはなさそうですが、その場合でも1段階進めて「何を使って」「誰が」「何をする（何をできるようになる）」の3点を明確にしてください。

2.1.1　「何を使って」──テクノロジーを決める

　ほとんどの場合、IT技術書では、単一の製品や規格、言語や手法など、特定のテクノロジーがテーマになります。具体的には次のようなものです。

- ・ハードウェア：「iPhone X」「Surface Pro」「Raspberry Pi」
- ・OS：「Windows」「iOS」「Android」「Linux」
- ・アプリケーション：「Excel」「Photoshop」「Apache」
- ・Webサービス：「Dropbox」「WordPress」「GitHub」「LINE」
- ・Webビジネス：「SEO」「アフィリエイト」
- ・標準規格：「HTML 5」「EPUB」「TCP/IP」
- ・言語：「JavaScript」「Python」「Scratch」
- ・分野：「プログラミング」「人工知能」「ネットワーク管理」
- ・手法など：「クラウドストレージ」「IoT」

これに対し、複数のテクノロジーを扱うときは、1つの大きな課題を解決するために機能が異なるものを組み合わせる場合と、類似のものを多くとりあげて比較する場合があります。

また、有名なテクノロジーを扱うのか、無名のものを扱うのか、この段階で確認しておきます。有名なものであればユーザーが多いので、出版物がより多く売れることも期待できます。しかし、競合書がすでに刊行されている可能性も大きいので、さまざまな面で独自性を追求する必要があります。

一方、無名のものであればユーザーは少なくなりますが、熱心なファンに応えられれば支持を得られるかもしれませんし、新しいソリューションを提案することでユーザーそのものを増やせるかもしれません。傾向としては、独自性を追求するよりも、スタンダードなもののほうがよいでしょう。

2.1.2 「誰が」──対象層を決める

対象とする読者層を明確にしましょう。企画内容によってポイントは異なりますが、おおよそ次のようなことを考えてください。

- ・コンピュータ操作一般に関して、初心者向けか、上級者向けか。
- ・IT専門家向けか、ビジネスパーソン向けか、クリエイティブなど特定の用途向けか、ホームユース向けか。あるいは、用途を限らずにおくか。
- ・その分野に関して、初心者向けか、上級者向けか。
- ・特定の業界や業務を対象とするのか。
- ・特定のOSを対象とするのか。たとえばパソコン向けであれば、Windows限定か、Mac限定か、両対応か。
- ・その他、年齢層や、性別などを限定するものか。

たとえば、「Webとメールはだいたい使える新入社員一般」「本業が忙しくIT情報を追っている時間がない、外回りが多いビジネスパーソン」「SQLの基本を理解しているデータベース技術者」などと想定すると、企画の方向性や具体的に扱う内容がより明確になってくるはずです。

2.1.3　「何をする」──目的を決める

　テクノロジーと対象層が決まったら、その技術を使ってその人が何をできるようにするのかを考えます。このとき、機能を学ぶのか、要望を満たしたり問題を解決するのか、どちらかを目的に設定すると考えやすくなります。

　たとえば、Excelの企画の場合を考えてみましょう。機能を目的にするのであれば、「見栄えのするグラフの作り方」「効率的な関数の使い方」「基礎から学ぶマクロの作り方」などが考えられます。

　難易度は関係ない点に注意してください。「（マクロを使った経験もない人が）マクロを作るための基礎知識を学ぶ」という入門者向けであっても、「（すでにマクロを自作できる人が）効率的にマクロを作れるようになるための機能別辞典」という上級者向けであっても、機能を学ぶことを目的にしてテーマを決めるという点では同じです。

　一方、要望を目的にするのであれば、その要望をできるかぎり具体的に設定します。「一般的なビジネスパーソンに役に立つ機能全般」のような、ある程度幅を持たせた企画もありますが、その場合でも「新規開発商品の原価計算をする」「確定申告のために医療費を計算する」などの、小さくても具体的な要望を組み合わせることになります。

2.1.4　身近な人から考える

　テーマを絞り込めないときは、もっと具体的に、身近な特定の人物や

作業を想定し、そこから広げてもよいでしょう。

たとえば、「WordPressを使って、自分の同僚に、会社の公式ブログを担当してほしい」など、個人的な課題から出発してから、テーマを広げていく考え方もあります。

また、自分自身の要望をテーマにしてもよいでしょう。この場合は、自分がこれから調べたいこと、まだ知らないことをテーマにできます。たとえば、家業で文房具店を営んでいて、毎月末日に在庫を確認するときに毎回苦労しているとします。ここで、「データベースとタブレットを使って、パソコンの知識がない家族やアルバイトスタッフでも扱えるように、毎月の在庫確認の作業を省力化したい」と考えたのであれば、その調査や試行錯誤がそのままテーマになります。

《商業出版の場合》

企画の立ち上げには大きく2種類あり、出版社側が先にテーマを決めて「これで書ける人はいないか」と著者を探す場合と、著者が企画を立てて「このテーマで出しませんか」と出版社へ売り込む場合の両方があります。

また、ブログや同人誌、セルフパブリッシング本など、すでに相応量の原稿を発表している場合は、出版社からスカウトされることがあります。売り込みこそしていなくても、これも著者側で企画を立てたものといえます。ほかにも、出版社がキャンペーンを行って公募したり、恒常的に持ち込みを受け付けることもあります。

2.1.5　裏テーマを考える

原稿を執筆するためのテーマとは別に、「自分にとっての目的」も考えておくことをおすすめします。「何を使って、誰が、何をする」というテーマが表向きのものとすれば、「自分にとっての目的」は"裏テーマ"

です。必要なものではありませんが、これを意識しておくと完成までの
モチベーションアップにつながります。

　裏テーマは、他人に正直に話す必要はないので、何でもかまいません。
具体的には、自分のビジネスの宣伝や、個人的に大好きなテクノロジー
や所属するユーザー会のPR、あるいはもっと単純に、技能を発揮して有
名になりたいというものまで、さまざまなものがあるでしょう。

　実際、著者が技術者である場合は、自分のための技術レポートを書く
ことが動機になるケースが少なくないようです。実際、1冊になるほど
の情報を調査し、人前に出せるほどに仕上げると、とてもよい勉強に
なりますし、忘れたときには自分の本を参照できます。自分で調査してま
とめたものですから、このうえなく信頼できる情報源となります。

2.2 構成を考える

　テーマを決めたら、次に構成を考えます。つまり、テーマを出版物として実現するために必要な個別のトピックを具体的に選び出し、読者が順序立てて理解できるように並べていきます。

2.2.1 構成を考える方法

　構成を考える方法は、企画や著者によってさまざまです。たとえばアプリケーションの場合は、プルダウンメニューの主要項目を書き出したり、メーカーが作成したマニュアルの見出しを書き写したりする方もいるようです。自分が選んだテーマに似た既刊書を読んで参考にするのもよいでしょう。

　解説する必要がある要素を書き出したら、テーマにしたがってグループ化、階層化します。これが目次構成の原型になりますが、いまはまだ構成を作る段階ですので、必ずしも目次の体裁にしなくてもかまいません。

　構成を考えるためのツールには、要素をランダムに書き出し、後から見直して検討し、順番や階層を自由に組み替えられるものが向いています。具体的には、付せん、情報カード、ルーズリーフ、大学ノート、アウトライナー、マインドマップなど、さまざまなものがあります。発想法の専門書などを参考にするとよいでしょう。

　この段階の作業は原稿には直接関係しないため、自分が慣れていて、アイデアを素直に扱えるものをおすすめします。普段よく使っていて、箇条書きができるという理由で、PowerPointを使う方もいます。

《筆者の場合》

　筆者の場合は、初心者向けに特定のアプリケーションやサービスの入門書を書くことが多いため、一般的なワークフローを想定したり、何かを完成させるまでの一通りの作業を行い、それを見直すことで、解説する必要がある要素を書き留めていくことが多くあります。さらに、ツール自体の予備知識と導入手順も追加します。

　要素を書き留めていくには、toketaWare社が開発する、Mac版の「iThoughtsX」と、iOS版の「iThoughts」という有償のマインドマップ作成アプリケーションを使っています。両者はファイルの互換性があるので、時間を掛けて取り組むときはMacを使い、それ以外のときに思いついたアイデアはiPhoneやiPadを使って追加や組み替えをします。ほかにも、キーボードショートカットが好みに合っている、OPML形式で書き出しができるなどの理由もあります。

　デジタル機器やマインドマップを採用するのは、筆者の好みや仕事のスタイルに合わせた結果です。企画や構成は著者にとっては重要な工程ですが、読者には関係がないことですので、さまざまな手法を試したうえで、自分のスタイルに合うものを選んでください。

2.2.2　一方向に組み立てる

　原則として、ページ数にかかわらず、最初から最後へ向かって一方向に読み進められるように個別の内容（トピック）を組み立ててください。突然高度なトピックを盛り込んだり、まだ説明していないことを学習済みのように扱ってはいけません。

　近年のテクノロジーは複雑であり、1つの画面の中の情報量も膨大になっています。また、ある機能が別の機能に依存しているために、解説の順序に悩むことが多くあります。しかし文章というものは、ある程度

の大きさのトピックであれば拾い読みすることもできますが、基本的には一方向に読み進めるものです。とくに現在、本を買う人は、一方向に読み進むことで、段階的かつ体系的に学習したい人である傾向にあるようです。なんとかして、段階的に理解を進められるように構成してください。

　対策の1つとして、巻頭や最初の章などで全体の流れを簡単に示すことで、工程の概略、主要な機能や用語を先に紹介する方法があります。具体的には、最初から最後までの流れを図や箇条書きで示したり、内容がわからなくてもステップ・バイ・ステップで何かを1つ作ってもらうなどの方法があります。未知の事柄に対しても、人間は見通しが立つと安心するものですので、この方法はとくに入門書に向いています。

《筆者の場合》

　本文を執筆する前に、一方向に読み進められるように構成を考えますが、実際に書いてみるとうまくいかないことも多くあります。その場合は、書きながら構成を組み替え、また、構成を組み替えながら書くことになります。このため、構成の組み替えという点で、自由度の高い執筆ツールが必要になります。

　構成の組み立てと本文の執筆という点では、構成を完璧にしてから本文を書き始める方法と、ある程度まで構成が組み上がったら本文を書き始める方法がありますが、1万字程度までであれば前者、それ以上であれば前者は非現実的ですので後者の方法がよいように思います。これは人それぞれだと思いますので、どちらの方法をとるのか、企画や、構成の階層によって意識的に切り替えてみてもよいでしょう。

2.2.3 入門書に忘れがちなこと

すでにテーマ対象に親しんでいる方が入門書を書くつもりであれば、まったく何の知識もないところから始められるように配慮してください。経験が長いほど、初心を忘れがちです。

たとえば、Dropbox の入門書を書くのであれば、ほかのユーザーとの共有や、同期フォルダの絞り込みのような上級者向けの機能を説明する前に、サービス内容の概略、導入による利点と欠点、料金体系、モバイル端末への対応状況などから始める必要があります。アプリのインストールや、アカウントの作成といった具体的な作業は、その後です。

解説を書くには検証が必要ですので、すでに使っている方には面倒に感じるかもしれませんが、「初めて使う人」を対象にすると決めたのであれば、これらも必要な内容です。

2.2.4 たくさんのことを盛り込まない

とりあげる具体的なトピックの選定にあたっては、書きたいこと、知っていることのすべてを盛り込むのではなく、その本を必要とする人に手に取ってもらい、実用に役立てられるよう、できるかぎり焦点を絞り込み、書かないトピックを選ぶことも考えてください。また、ページ数を増やしすぎず、執筆期間がいたずらに長くならないように注意してください。

もしもトピックをうまく選定できないときは、場合によってはテーマの検討まで戻ってください。テーマを十分に絞り込んでいない企画は、誰にとって何の役に立つものなのか明確でない場合があります。

実際、初めてまとまった量の原稿を書く人のなかには、そのテクノロジーに関連するすべてのことを盛り込もうとする方が少なくありません。しかし、辞書のような網羅的な企画でないかぎり、知っていることや調

べたことのすべてを書く必要はありません。むしろ、テーマにふさわしい部分を抽出することのほうが重要です。

　企画段階で対象を絞り込まなければ、ページ数が増えて値段も高くなり、執筆にも長い期間が必要になります。近年のテクノロジーは大変複雑ですので、すべてを盛り込もうとすると対象とする機能も多くなりますが、そもそも、すべての機能を知りたければ、メーカーなどが作成した公式資料のほうが充実しています。

　たしかに、本を出版する機会が少ない時代は、次のチャンスがいつになるかわからなかったため、できるだけ多くのことを1冊に詰めこみたくなるのも無理はなかったでしょう。しかし現在は、個人で執筆した原稿を廉価で印刷してくれる業者はたくさんありますし、頒布・販売する機会も増えました。セルフパブリッシング本であればコストも低く抑えられます。つまり、原稿さえ書き上がれば、「出版」の機会はいつでもあるといえます。

　とくに近年は電子書籍のマイクロコンテンツ本に見られるように、1つのテーマを持った出版物としてまとめられれば、全体のボリュームは小さいほうが好まれる傾向にあります。商業出版の場合は習慣的に1冊のページ数はある程度必要ですが、それ以外の場合はできるだけ小分けにすることも考えてみましょう。

2.2.5　スケジュールから考える

　構成を考えるときは扱う内容を最優先に考えてしまいがちですが、期限を区切って、その期間で書き上げられそうなことをテーマにする方法もあります。たとえば「次のイベントで発表することを考え、スケジュールを逆算して、その日程で書き上げられそうな範囲」「とにかく今年中に脱稿できそうな範囲」からテーマを考えます。

　IT業界の特徴に、テクノロジーの変化が速いことがあげられます。も

しも執筆中にバージョンが上がったり、会社ごと買収されて仕様が変わると、書き終えた部分にも大量の修正が必要になってしまいます。最悪の場合は、「この製品はもうバージョンアップしない」と宣言されて、書きかけの原稿がお蔵入りになることもあります。

　現在のIT業界で、技術書の執筆に長い期間を掛けることは、それだけで大きなリスクになります。もちろん、それがよい結果につながることもありますが、一般論で言えばマイナス要因のほうが多いといえます。

2.2.6　横断的なテーマは難しい

　内容面はさておき、原稿の執筆という点では、「特定の機能に絞り込んだテーマ」よりも「横断的なテーマ」のほうが、また、上級者向けよりは初心者向けのほうが、難しくなる傾向にあります。テーマを選ぶときはこの点を意識してください。

「自分がその機能を理解すること」と、「それを原稿に書いて読者に解説すること」には、別の難しさがあります。なぜならば、どの機能をとりあげ、その解説をどのように構成するかをよく考える必要があるからです。

　一般的に入門書とは「あるテクノロジーを初めて学ぶ人を対象に、一通りのことができるようになるように解説する本」です。ということは、そのテクノロジーについて概念を最初から説明する必要があり、どの機能をどの程度とりあげるか、著者が判断して書く必要があります。

　Excelの入門書を例に考えてみましょう。まず、表計算ソフトとはどんなもので、何をするために使うのか、どのようなメリットがあるのかを説明する必要があります。そして、関数を紹介するにも、そもそも関数とは何であるのかを説明し、膨大な関数の中からとりあげるべきものを選び出し、先頭から読み進めて理解できるように、実例をもって順序よく構成する必要があります。

　一方、中上級者向けであれば、著者の作業は機能の紹介に徹すること

ができます。Excelがどんなソフトであるかを紹介する必要はありませんし、企画によっては、関数自体の解説も知識を確認する程度に簡単なもので済ませるか、場合によっては不要でしょう。

　初めて原稿を書くのであれば、特定の機能を中級者向けに解説するようにテーマを設定するのも方法の1つです。たとえば、「Excelの関数を使って四則計算できる人を対象にして、経費計算をするときに便利なテクニックを30個紹介する」という企画であれば、入門者向けの丁寧な概論は不要ですし、すでに基本的な手順も知っている人だけを読者にできるので、原稿を書くことに集中できます。

■ツールを1つとりあげて具体的に

　横断的なテーマを扱う場合でも、ツールを1つとりあげて、できるかぎり具体的に解説することをおすすめします。ツールを使わずに抽象論で解説を進めると、読者にとっては具体論がないために理解しづらいだけでなく、著者にとってはあらゆる可能性を考える必要があるため解説することも難しくなります。

　技術書という体裁をとるからには、それを手に取る読者は、実際に何か作業をして、成果を得る体験を望んでいます。言い方を変えると、テーマを理解してもらうには、実際に作業をして成果を得る体験をしてもらうのが最善の方法です。「表計算ソフトの便利さ」をどれほど理論立てて解説するよりも、いずれかの表計算ソフトを起動し、セルに数字を入れて合計が出てくるほうが説得力があります。

　その際にとりあげるツールは、企画や対象層から選定します。一般的には、より多くの人が使っているものや、無料のものなど、導入しやすいものが望ましいといえます。

　たとえば、Excelは最も有名ですが、本来は有償の製品ですので、パソコンユーザー全員が使えるわけではありません。一方、iOSやAndroidではExcelの基本機能は無料で使えるので、「スマホで学ぶExcel」とい

う企画であれば、スマホユーザー全員を対象にできます。

　あるいは、Googleドライブに含まれる「スプレッドシート」は、無料の
Googleアカウントさえ作れば利用できるので、導入のハードルは有償製
品に比べれば低いといえます。ただし、アクセス方法は、パソコンユー
ザーがWebブラウザでアクセスするときと、モバイル端末ユーザーが専
用アプリでアクセスするときに分けられるため、対象とする端末を絞り
込むかどうかによって、解説の方法は変わってきます。思い切ってユー
ザー数の多いWindowsパソコンやiPhoneに限定してしまうか、できる
だけ多くの端末を対象にするかは、企画次第です。

2.2.7　対象は最新環境とする

　特別な理由がないかぎり、最新の環境を対象としてください。自分が
購入していないからといって、古いバージョンや古い機種を対象として
はいけません。たしかに、現実には古い環境を使い続けるユーザーも多
数いるはずですが、その出版物を刊行する時点で新しく入手できるのは、
その時点での最新のもののみであることが一般的だからです。

　ただし、とくにユーザーが多い場合は、あえて古いバージョンを対象
に企画することもあります。たとえば、「Windows 7のユーザーを対象
に、Windows 10へのアップグレードをガイドする」「Word 2013のユー
ザーを対象にさまざまなテクニックを紹介する」ような企画です。

　古い環境を対象にするときは、タイトルなど、とくに目立つ場所でそ
のことをアピールしてください。

2.3 企画書を書く

　テーマと構成を決めたら、次は、より具体的に出版物のイメージを組み立ててみましょう。そのためには、企画書としてまとめるのがよい方法です。他人に提出する必要がない場合でも、執筆を始める前に明確にしておくと、プロジェクトの全体像が見えてきます。

　企画書はA4用紙1〜2ページ程度で収まる量がよいでしょう。作らずに進めるよりも作ったほうがよいのですが、逆に、今の段階で細かいことを書き込んでも結局は役に立たないことが多くあります。

　たとえばNextPublishingシリーズでは、企画を提案するときには以下の項目を提出するように依頼されます。

- ・タイトル
- ・企画要旨
- ・目次案
- ・対象読者
- ・ページ数、判型
- ・刊行予定日

　本書でもこれにならって企画を考えてみましょう。いまはまだ企画の段階ですから、タイトルのように後まわしにできるものや、ページ数のようにレイアウトするまでわからないものは、暫定またはイメージでかまいません。

　《商業出版の場合》
　商業出版では、特別な理由がないかぎり、必ず企画書の提出を求

められます。ただし、企画書に書くべき項目は出版社や企画によってさまざまです。

2.3.1　タイトル

タイトルには、企画を一言で言い表すものを付けてください。特別に気の利いた名前を付ける必要はありません。正式なタイトルは脱稿した後に決め直せばよいので、今はそれほど悩む必要はありません。

ただし、いったん名前が付いてしまうとそのイメージが強く残るので、モチベーションを上げるためにも、特徴をよく表す名前を付けましょう。書籍の名前というよりも、プロジェクトの名前のつもりで付けてもよいでしょう。

もっともやりやすいのは、テーマに則した語句や副題を追加することです。たとえば、単に「Excel入門」とするだけでは、すでに刊行されている類書との違いがわかりません。そこで、決めたテーマに基づいて「インパクトのあるグラフを作る」「確定申告をスッキリ片づける」などの方向付けをします。

《筆者の場合》

商業出版の場合、著者が企画段階で付けたものがそのまま実際の書名になることはあまりなく、多くの場合は編集部が決めます。一方的に決められることもあれば、著者と相談しながら決めることもあります。

出版社は出版物の企画や編集のプロであるとともに、出版物を売るプロでもあります。タイトルは出版物の顔ですから、さまざまな要素を考えて最善のものを付けるはずです。もちろん自分からも提案はしますが、もしも一方的にタイトルを変更されても、内容に反したものでないかぎり反論しないことにしています。

筆者の案が採用された例もあげておきましょう。たとえば、『これだけでかなり Evernote が使える本』（ラトルズ）は、編集長と相談しながら決めました。当時 Evernote の本は上級者向けがほとんどだったため、「この1冊を読めば、初心者が必要なことはだいたい使えるようになる」というテーマは最初から決めていたのですが、最後まで決定的なタイトルを付けられずにいました。「それではインパクトがない」「もっとポジティブなものを」などと何度もダメ出しをされましたが、最後に「かなり使える」ではどうかと提案して採用されました。自分だけではこの語句は出せなかったので、人と相談することは重要です。

また、『考えながら書く人のための Scrivener 入門』（BNN 新社）は、最初の企画書から付けていたもので、編集会議でも気に入ってもらえたことから、そのまま実際のタイトルに採用されました。Scrivener は執筆用のアプリケーションであり、筆者自身もこれで執筆しているため、実感から出た語句が編集部の共感を得られた幸運な例です。

2.3.2　企画要旨

企画要旨には、特徴を端的に説明します。セールスポイントと言ってもよいでしょう。箇条書きでかまいません。

長さとしては300字程度がよいでしょう。短すぎてはタイトルと大差がありませんし、長すぎても焦点がぼけてしまいます。もし類書がすでに刊行されている場合は、自分の企画の独自性をここでアピールしましょう。

なお、取り扱う具体的な内容は、目次案で説明するほうがよいでしょう。

第 2 章　企画と構成　41

2.3.3　目次案

　目次案は、具体的な内容の全体像を表すもので、最も重視されます。仮目次と呼ばれることもあります。

　テーマにもよりますが、企画書の段階では少なくとも章レベルまでの仮タイトルを付けます。実際に執筆に入った後で変更してもかまいませんが、とりあげる内容を網羅し、執筆の起点になるものを作りましょう。「2.2 構成を考える」を参考に、今度は目次として組み立ててみてください。

　たとえば、Excelの入門書を企画するときに、四則計算のような基本的な機能をしっかり解説するのか、ページ数は少なくともマクロの作り方まで踏み込むのかによって、出版物の位置づけも変わってきます。

　本書の場合は、次のようなものを作りました。

●本書の目次案

1. 準備：書き方を学ぶ必然性、全体の流れ
2. 企画と構成：テーマの決定、構成の組み立て、企画書の書き方
3. 本文の執筆：本文を書くためのツールと書き方（英数字は半角で、用語は統一せよ、コラム範囲の指示、など）
4. 本文の補助要素：図表の作り方の概略、スクリーンショットの取り方など（各OS）
5. 推敲と校正：推敲と校正のツールと方法、悪文の具体例

　全部で5章あり、それぞれの章のテーマを示すとともに、具体的に扱う内容をいくつかあげています。実際に本文を書き始めるには各章の内容をもっと細かく考える必要がありますが、いまはまだ簡単なものでかまいません。

42　第2章　企画と構成

《商業出版の場合》

　最も重視されるのが目次案です。編集者によっては、企画書ではなく目次案を提出してほしい（目次案だけでよい）と言われる場合もあります。それくらい重要なものです。

　目次案の提出を求めるのは、著者がどのような内容のものを考えているかを尋ねるだけでなく、どの程度まで具体的にイメージしているのか、依頼すればすぐにでも書き始められるのかを確かめるという理由もあります。

2.3.4　対象読者

　対象読者については「2.1.2「誰が」──対象層を決める」で考えたものと同じです。

　テーマを設定するときに特定の人物を想定した場合は、この段階で、「会社の公式Webサイトの担当を任命されたビジネスパーソン。メールとWebは一通り使えるレベル。年齢性別不問」のように一般化しておきます。

2.3.5　判型とページ数

　本文の長さが数万字以上になる場合は、印刷メディアと電子メディアのどちらで発表する場合でも、判型とページ数をイメージしておきましょう。判型とは本のサイズのことです。

　リフロー型の電子メディアで発表する場合は、判型もページ数も設定できませんが、「もしも印刷メディアで発表するならば」という前提でイメージしてください。内容と判型は密接な関係があるので、とくに他人に説明するときはイメージを伝えやすくなりますし、形としてイメージするほうがモチベーションアップにもつながります。

判型の基本的なサイズは、JIS（日本工業規格）で決められています。一般的に使われるのはコピー用紙でおなじみのA列とB列で、最初の基準になるサイズを「原紙」と呼び、A列は「A0」、B列は「B0」と呼びます。それらを半分に裁断するごとにA1、A2……と番号が増えます。

　技術書の場合は図表が多いため、B5判や、B5判の上下方向を少しカットしたB5変形判がよく使われます。ハンディさを求めるときはA5判なども使われます。なお、B5変形判は、もともとアメリカで箱売りのアプリケーションに付属するマニュアルに使われていたサイズに近いものです。変形でないことをとくに示すには「正寸」（せいすん）と言い、「B5判正寸」などと呼びます。

　読み物の場合は、長文の読みやすさを考え、文庫で使われるA6判、または、文芸雑誌などで使われるA5判が一般的です。

　商業出版では、A列とB列のどちらでもない、新書判や四六判なども多く見られます。そのほか、内容や用途に応じて、さまざまな判型を使うことがあります。

　ページ数には、この本で書きたいことをすべて書き、この判型に収めたら、きっとこれくらいになるという量を書きます。もちろん、正確なページ数は脱稿したものをレイアウトしないとわからないので、おおよそでかまいません。

　たとえば、「文庫判で約120ページ」と言われれば、早い人であれば1時間程度で読めそうな軽い読み物を想像するでしょう。あるいは、「B5判で約300ページ」と言われれば、読みながら操作して自習するような本格的なものになるでしょう。

　ほかにも、必要であれば1色刷か、4色刷（フルカラー）のどちらが向いているか考えておきましょう。コンピュータの画面は一般にフルカラーですので、読者としては4色刷のほうがわかりやすくなります。ただし、フルカラーにする必然性が少ない場合は、1色刷にすると印刷費を安く済ませられることがあります。

《商業出版の場合》

　最終的な判型やページ数は編集者が決定しますが、著者としても
イメージを伝えておき、必要な場合は相談しましょう。たとえば、
編集者は1色で十分だと思っていても、著者としては、解説にはど
うしても4色が必要という場合があります。もちろん、逆の場合も
あります。

　色数には、「基本的に1色刷、巻頭のみ4色刷」など両者を組み合
わせたり、黒のほかの1色を使う2色刷を採用することもあります。

　なお、判型、ページ数、色数は、印刷や製本のコストにも関わる
ため、脱稿してラフレイアウトした後から変更する場合もあります。

2.3.6　締切

　他人から要請された原稿の場合は締切の日程を指定されることが多い
ので、無理のない範囲で相談しましょう。

　自発的に企画を決心した場合は、締切も自分で決めるしかありません。
暫定でもかまわないので、必ず目標を設定してください。ユーザー同士
が集まるイベントや、自分の誕生日などにこじつけてもよいでしょう。
ただし、年末や年度末などは年中行事も忙しくなるので、避けるほうが
よいでしょう。

　もしも締切をまったく設定せずに、「時間ができたら書こう」と思って
いると、たいていは書かずに終わります。逆に、本業をこなしながら「1
日1万字書く」などと無理な計画を立てると、それもまた挫折の原因に
なります。余裕を持ち、かつ、ある程度のプレッシャーになるような日
程が理想的です。

　はじめのうちは、自分が1日でどれくらい書けるかわかりません。ま
た、IT系の技術書を執筆するには確認や調査が必要ですが、「確認する
だけで済むことを書くとき」と、「新しいことを調べながら書くとき」で

は、原稿の進み具合がまったく違います。執筆を始めたら自分で文字数をチェックして、「進むときは○文字くらい、進まないときは○文字くらい」という目安をつけられるようになると、後々ペースをつかみやすくなります。

《商業出版の場合》

　小説家や漫画家が登場する作品でよく描かれるように、締切は重要な問題になります。変化の早いIT業界では、執筆に時間がかかると、テクノロジー自体の変化、社会的な関心度の低下、競合書の登場などのリスクも高まります。編集者としては、いったん企画が正式採用された以上は締切を厳守するどころか、1日でも早く原稿を仕上げてもらいたいのが正直なところです。

　ただし著者としては、さまざまな事情により、どうしても目標の日程で書き上げられないことがあります。その場合は速やかに編集者と正直に相談しましょう。編集者は著者の知らないところでさまざまな日程を組んでいます。当初の予定通りに進められなくなっても、事前にそのことがわかれば日程を組み直すことは不可能ではありません。しかし、予期せぬタイミングで日程が崩れると対処がより難しくなります。

　なお、ほとんどの出版社では年度あたりの予算が決まっています。年度内に刊行するはずの出版物が刊行できないと予算編成に影響するので、刊行日が年度末に近い場合は、締切に対してさらに厳しくなります。

2.3.7　サンプル原稿

　商業出版の場合、まだ著書がない、または少ない場合は、企画書とともにサンプル原稿を求められることがあります。これは、著者としての

調査力や文章力を確かめるためのものです。冒頭でも、任意の1つの機能解説でもかまいませんが、短くてもひとまとまりのトピックが完結しているものがよいでしょう。

　商業デビューを目指す方は、企画書とともに、サンプル原稿をとくに念入りに書いてください。どれほど画期的な企画であっても、原稿が書けないのでは出版物になりません。

　自主出版の場合でも、いきなり本番の原稿の執筆に臨むのではなく、自分のためにサンプル原稿を書いてみることをおすすめします。この場合は、すでによく内容を知っていて、原稿を書くことだけに集中できるテーマがよいでしょう。必要なトピックを書き出し、構成を組み立て、原稿を書いて推敲し、完成させるまで、どれくらいの手間や時間がかかるのか、1日で何文字くらい書けるのか、実際に試してください。

《商業出版の場合》

　現実には、本人は何らかの事情で原稿が書けなくても、企画がよいことは少なくありません。その場合は、本人には概略のみを書いてもらったり、口頭で要点を聞き取るなどしてから、その内容を編集者やライターなどが出版物の原稿として仕上げて、本人の名前で刊行することもあります。芸能人のタレント本や有名評論家の著書とされているものでよく使われている方法ですが、技術書でも同じ方法を使うことがあります。

3

第3章　本文の執筆

◉

本文執筆のルールを紹介します。基本方針から細かな書式までたくさんのものがあるので、一通り目を通し、必要に応じて読み直してください。

3.1 ツールの選択

　執筆に使うアプリケーションは、文書作成に使う一般的なものでかまいません。好みに合わせてハードウェアもそろえるとよいでしょう。原稿執筆時はレイアウトのことを考えず、原稿のみに集中することをおすすめします。

3.1.1 ソフトウェア

　原稿を執筆するには、本文を書くためのアプリケーションが必要です。また、スクリーンショットを撮影したり、概念図を作成する場合は、それらのアプリケーションも必要になります。

　原稿を執筆するアプリケーションには、最終的にレイアウトに使うツールへ読み込める形式で出力できるものであれば、好きなものを使ってかまいません。どんなレイアウトツールであってもプレーンテキストは読み込めるはずですので、プレーンテキストで出力さえできれば十分です。

　合同で執筆する企画では、受け付けてもらえるファイルの形式を、あらかじめ編集長に確かめておきましょう。

　同人誌の印刷を業者へ依頼するときは、先にサポート情報を調べてみましょう。業者によっては、同人誌向けのテンプレートを無料で公開していることがあります。ただし、慣れたアプリケーションを使って原稿を書き、脱稿してからそのテンプレートへ移すほうが書きやすい場合もあります。

　なお、スクリーンショットや概念図も、技術書では重要なものです。これらは「第4章 本文の補助要素」で紹介します。

《商業出版の場合》

　原稿の執筆に最も多く使われているのはMicrosoft Wordですが、プログラミング経験のある方はテキストエディタを使うことも少なくありません。ほかにも、DTP経験のある方はInDesignで、フォーマットが厳しく決まっている場合はExcelやFileMaker Proで書く方もいます。多くはないようですが、ポメラのような専用端末や、長文執筆専用のあまり知られていないアプリケーションを使う方もいます。

　結局のところ、慣れているツールで書くのがよいでしょう。

3.1.2　ハードウェア

　ハードウェア面では、原稿執筆用のセカンドディスプレイを導入すると大変効率的です。技術書を執筆するには、参照する資料のWebサイトやPDF、解説対象のアプリケーションなど、多くのウインドウを開いておく必要があるので、デスクトップの広さは執筆のしやすさに大きく影響します。

　大きなディスプレイを1台使ってもよいのですが、2台接続し、執筆専用に1台、それ以外に1台と使い分ける方法もあります。ただし、2台のディスプレイを接続できるパソコンまたはビデオカードが必要です。

　原稿を書くアプリケーションだけでなく、ディスプレイ、キーボード、マウスなどのデバイスも含めて、快適な執筆環境を構築してください。

《筆者の場合》

　原稿を書くツールには、テキストエディタ、アウトライナー、ワードプロセッサなど、さまざまなアプリケーションを使ってきましたが、現在はLiterature & Latte社の「Scrivener」という長文執筆用のアプリケーションを使っています。これはアウトライナーのように原

稿の組み替えがしやすく、進捗状況を文字数で把握したり、大量のスクリーンショットを組み込んだ推敲用のPDFを出力したりできる、多機能な統合型アプリケーションです。興味のある方は『考えながら書く人のためのScrivener入門』（BNN新社）を参照してください。

　ディスプレイ、キーボード、マウスなどのデバイスにも、さまざまなものを使ってきましたが、現在使っているのは次の通りです。ディスプレイは2台接続し、原稿の執筆中はScrivener用に20インチのものを、それ以外の用途に27インチのものを使っています。パソコンはMacを使っていますが、キーボードには東プレ製「Realforce 91U」、マウスにはロジクール製「G400s」を使っています。前者はWindows用ですが、オープンソースのキーボードユーティリティ「Karabina-Elements」（https://github.com/tekezo/Karabiner-Elements）を併用して好みのキーを割り当てています。後者はゲーム向けの製品ですが、長時間使うには一般用よりも使いやすいように感じます。

3.1.3　執筆画面の設定

　技術書では、執筆とレイアウトは完全に分けて作業しましょう。読み物の場合は、完成した出版物に模した画面設定にしてもかまいませんが、やはり分けることをおすすめします。

　執筆時の画面表示には、出版物と同じ設定を使う場合と、そうでない場合があります。たとえば、文庫本サイズで出版する予定であるときに、執筆するときの画面も文庫本と同じサイズに設定するか、あるいはテキストエディタのように出版物とは無関係に設定するかということです。

　まず、リフロー型の電子メディアのみで発表する場合は、そもそも決まったレイアウトがないので、ここでは検討しません。

　固定レイアウト型の電子書籍、または、印刷メディアで発表する場合

は、最初の段階で判型を決められるので、その判型を模した画面を設定することもできます。必ずしも執筆に必要なことではありませんが、このほうが実際の書籍をイメージできるので書きやすい、書いていて気分がよいという方は少なくありません。実際、ワープロで一般的な文書を作るときは、そのように作ることがほとんどでしょう。

しかし技術書の場合は、図表や概念図などをとくに多く使います。これらを紙面に配置すると、本文の配置も変わります。しかも図は紙面に占める面積が広いため、図を1つ入れるかどうか、ページに配置する大きさをどうするかによって、大きく影響されます。

出版物の判型を模した画面で執筆することは、執筆中からレイアウトを同時に考えることになります。これだけでも難しい作業になりますが、さらに、推敲や校正によって本文が増えたり減ったりすると、図を配置するページも変わってしまうので、作業のやり直しがさらに増えてしまいます。

よって、技術書においては、執筆中は出版物のサイズやレイアウトのことを考えず、執筆とレイアウトは完全に作業を分けることをおすすめします。ワープロソフトで執筆すると、ついレイアウトのことを考えてしまいがちですが、本文と補助要素は分けて制作し、個別の要素が完成したところでレイアウトして、最後に調整することをおすすめします。

一方、図が少ない読み物の場合は好みでかまいませんが、とくに理由がないかぎり、やはり作業を分けるほうがよいでしょう。文芸書、とくにミステリーやホラーなどでは、ページをめくったときの効果を狙って執筆とレイアウトを同時に考えるケースもあるようですが、技術系の読み物ではそこまで追求する必然性はないでしょう。

いずれにしても、執筆中はよい原稿を書くことに集中し、レイアウトの効果を狙うにはレイアウトの工程で行うことをおすすめします。

なお、見開きで1つのトピックを完結させるなど、レイアウトが重要な要素を持つ場合は、執筆の前に文字数や画像の点数を決めておく必要

があります。このようなやり方を、レイアウトを先に決めて要素を割り付けるという意味で「先割りレイアウト」と呼びます。ただし、レイアウトに関する話題は本書の範囲を超えるので、ここでは扱いません。

《商業出版の場合》

　企画によって事情が大きく異なります。

　雑誌の場合は、「1行○文字、○行」という基本レイアウトが先に決まっているのが一般的です。著者へは、「1行○文字、○行」または、おおよその文字数で依頼します。ただし、記事内容によって図版の数が変わったり、英単語が多数入ると文字数にも影響するので、ほかのジャンルに比べると、厳密に指定されることは少ないようです。

　単行本の場合は、シリーズものを除き、先に基本レイアウトが決まっていることはまれです。基本レイアウトは、本文の執筆と並行して、内容に応じてデザイナーが1点ずつ作成します。そのため、出版物の紙面を模した画面で執筆することはそもそも不可能です。

　単行本やムックのなかには、見開きの2ページを1つの単位として、1つのトピックが完結するようにレイアウトされているものがあります。この場合は、本文の脱稿後に編集者が内容を編集しつつ2ページ単位にレイアウトする場合と、ライターがラフレイアウトをしながら執筆する場合があります。

3.2　書き方の基本

　本文の執筆にあたって基本となる事柄を紹介します。技術書特有の注意点ではありませんが、もっとも基本となるものです。

3.2.1　文体を決める

　本文の文体には、文末が「……です」または「……ます」となる「です・ます体」と、「……だ」または「……である」となる「だ・である体」があります。どちらを使う場合でも、本文の文体は必ず統一してください。

　どちらを使うかは企画の傾向や著者の意向などによりますが、一般的には「です・ます体」をおすすめします。とくに専門性が高い場合や、高度な内容を扱う場合は「だ・である体」を使ってもかまいませんが、高度な内容を硬い文章で表現すると、ますます難しい印象を与えてしまうおそれがあります。

　ただし、本文が「です・ます体」であっても、見出し、写真やコードのキャプション、箇条書きなど、本文から外れた箇所にある文章は、「だ・である体」または名詞などの言い切りで終わる文体を使ってもかまいません。むしろ、そのように書き分けることのほうが一般的です。

　本文中でも、読者の疑問を想定する文を挿入するような場合は、あえて「だ・である体」や言い切り型の文章を使い、解説の本文ではないことを強調する場合があります。また、このようなときはさらにカギ括弧でくくって、独立した文であることを明示します。

　●本文中に独立した文章を挿入する例
　【例】このように作業を進めてきましたが、派生プロジェクトを

同時に扱う場合はどうすればよいのだろうと思うかもしれません。そこで次に紹介する機能を活用します。

【例】このように作業を進めてきましたが、「派生プロジェクトを同時に扱う場合はどうすればよいのか」と思うかもしれません。そこで次に紹介する機能を活用します。　←文体を変え、カギ括弧でくくる

　ただし、前の文章は次のように書き換えられます。どちらも、視点が変わる文章が割り込まないため、書き言葉としては読みやすくなります。

　●本文中の独立した文章を取り込んで書き直した例

【例】このように作業を進めてきましたが、派生プロジェクトを同時に扱う場合はどうすればよいのでしょうか。そこで次に紹介する機能を活用します。　←著者から読者へ問いかける疑問文の体裁にする

【例】このように作業を進めてきましたが、実際には派生プロジェクトを同時に扱う場合もありえます。そこで次に紹介する機能を活用します。　←疑問文を使わない

3.2.2　名称は正確に

　人物、企業、組織、製品、場所、施設、催事、略号などの名称はとくに注意して、正しく記述してください。これも事実確認と同じですが、間違えた場合は問題になりやすいので、とくに注意してください。

■人名

　人物の場合、「広瀬」ではなく「廣瀬」、「斉藤」ではなく「齋藤」など、

旧字体を使うことがあります。一般には新字体を使っているので原稿に
もそのように書いたところ、改めて本人に確認すると「本で紹介してく
れるなら旧字体にしてほしい」と要望されることがあります。

　外国人の場合は、カタカナの読み方と、アルファベットなどの現地の
つづりのどちらで表記するか、内容や全体のバランスで決めてください。
迷ったときは、カタカナのほうがよいでしょう。

　パソコンではユニコードが標準に採用される時代になりましたが、す
べての日本語の組版システムや関連するソフトウェア、印刷業者、各電
子書店で採用している電子書籍フォーマットで、ユニコードに採用され
ているすべての文字が期待通りに扱えるとはかぎりません。出版物では
正しく扱えても、書店の管理システムで扱えない場合もあります。また、
中国語の漢字は、日本語で一般的に使われる文字へ置き換えるほうがよ
いでしょう。

■企業名

　間違えやすい企業名として、次のような例があります。

> **●間違えやすい企業名の例**
> 【誤】キャノン　【正】キヤノン（←ヤは大きく）
> 【誤】富士フィルム　【正】富士フイルム（←イは大きく）
> 【誤】ビッグカメラ　【正】ビックカメラ（←グではなくク）

　また、一般に称する会社名と、正式な会社名では異なる場合がありま
す。たとえば、ネットワークサービスなどで知られる「IIJ」は「Internet
Initiative Japan」の頭文字を取ったものですが、正式な会社名は「株式
会社インターネットイニシアティブ」です。「ジャパン」は付きません。
中黒（・）の有無にも注意してください。

　ただし、正式名称を記述する必要があるのは、寄稿やインタビューで

第3章　本文の執筆　57

役職名を記述したり、設立の歴史を紹介するような場合です。また、「株式会社」「合資会社」「公益社団法人」などの表記は、とくに必要がなければ省略します。

　海外の企業やサービスでは、複数形の名称が数多く見られます。国内では単数形を使う場合が多いようです。

●複数形と単数形を間違えやすい名称の例
　【誤】iTune　【正】iTunes
　【誤】アドビシステム　【正】アドビシステムズ
　【誤】ジャストシステムズ　【正】ジャストシステム

　読者層や知名度によっては、文中の社名がそれとわからないことがあるかもしれません。必須ではありませんが、その場合は末尾に「社」を加えて社名であることを示す場合があります。

　たとえばDTM（デスクトップミュージック）がテーマであれば、「ヤマハ」は楽器メーカーとして有名ですので、読者もすでに知っていると期待できます。しかし、一般にはほとんど知られていない、プロ用機材のメーカーである「レキシコン」「ウーレイ」などは会社の名前とわからないおそれがあるので、社名であることを簡単に示したいときは「ウーレイ社」のように表記することがあります。

　なお、一部の会社名の場合は、旧字体を使わずに新字体で統一することがあります。

●旧字体と新字体の両方が使われる例
　【例】紀伊國屋書店　→　紀伊国屋書店
　【例】文藝春秋　→　文芸春秋

■アルファベット表記の注意点

　IT企業や製品の名前には、複数の単語をつなげて1つの単語のように扱い、それを固有名詞とすることが多くあります。決まった習慣はないので、1つずつ調べてください。

　たとえばアドビの画像処理アプリケーション「フォトショップ」は「Photo」と「Shop」の合成語ですが、スペースを入れず、Sは小文字で「Photoshop」と表記する必要があります。

> ●「Photoshop」の誤記の例
> 【誤】PhotoShop　←Sが大文字
> 【誤】Photo Shop　←スペースが入っている

　なお、コーレル社の画像処理アプリケーションに「PaintShop Pro」がありますが、これは「Shop」が大文字になり、単語の間にスペースは入りません。つまり、「Paintshop」や「Paint Shop」ではありません。

　一方、Webサービスの「アメーバ」で知られるサイバーエージェントは、「Cyber」と「Agent」の合成語ですが、会社名を英語表記するときはスペースを入れず、Aは大文字で「CyberAgent」です。

> ●CyberAgentの誤記の例
> 【誤】Cyberagent　←Aが小文字
> 【誤】Cyber Agent　←スペースが入っている

　製品や規格の名前では、ハイフンが付いたり、スペースが入ったり、何も付かないときがあります。大文字にする文字にも注意してください。とくに製品の場合は、型番に各社独自の命名ルールを持っていることがあります。ニュースサイトの記事やショップの商品紹介でも間違っている場合が少なくないため、必ず公式情報で確認してください。

●ハイフンが付く例

【正】MPEG-4

【誤】MPEG4、MPEG 4

●スペースが入る例

【正】Windows 10

【誤】Windows10、Windows-10

●ハイフンやスペースが付かず、1文字だけ大文字になる例

【正】iPhone

【誤】iphone、i-Phone、IPHONE

　名称の先頭が大文字と小文字のどちらなのか迷ったときは、正式な会社紹介やコピーライト表記に従ってください。たとえばフェイスブックは、ロゴではfが小文字の「facebook」ですが、Webページ末尾などにあるコピーライト表記では「Facebook」ですので、後者で記述します。

3.2.3　用語を統一する

　1冊の中で使用する用字・用語は統一してください。1冊の中で複数の表記があると混乱するからです。

●表記を統一すべき例

【例】「Excel」「エクセル」　←英語とカタカナ読み

【例】「保存媒体」「保存メディア」　←日本語と英語のカタカナ読み

■略語説明や読み方は最初のみ紹介

　略語の説明や読み方を示すときは、書籍のなかで最初に出現する1度

だけ付けます。ただし、企画によっては、各章の最初に出現するたびに付けることもあります。

> ●説明は最初の１度でよい
> これを「SEO」（サーチ・エンジン・オプティマイゼーション）と呼びます。SEOの視点から分析すると……　←2度目以降の出現では読み方を省略

3.2.4　事実を確認する

　執筆にあたっては、必ず逐一事実確認をしてください。当然のことですが、うろ覚えの記憶や思い込みで書くのではなく、確実にそうだという場合以外はすべて確認することを強くおすすめします。

　事実確認を済ませたトピックは、自信をもって言い切り型の文章で書いてください。もしも「……だと思います」「……と思われます」「……のようです」などのような、主観や推測の表現で書いてしまうと、事実確認をしていないのかと疑われてしまいます。必要に応じて、根拠となる情報も併記してください。

■ステップ式の解説

　IT系の技術書特有のミスとして、ステップ・バイ・ステップ形式で手順を示すときにステップを飛ばしてしまったり、オプションの指定を忘れてしまうことがあげられます。何度もやった経験があるからといって、操作手順を思い込みで書かないように注意してください。

　また、「見ればわかるはず」「こんなことをいちいち書く必要はないはず」という思い込みや、いつも無意識的に進めてしまうダイアログウインドウで、ステップを飛ばしてしまうケースがあります。実際の初心者

第３章　本文の執筆 | 61

はどんなところを疑問に思うのかわかりません。「OK」ボタンを押すだけの操作でも、必ず記述してください。

　理想的には、実際に操作しながら原稿も書き進めるべきです。もしも難しい場合は、とりあえず大まかに書いておいて、あとで実際の動作を見ながら書き直してください。

■事実確認の方法

　一般的に、事実確認をするには、自分で実際に操作して確かめます。ドキュメントなどを使ってその裏付けをする必要があるときは、必要に応じて資料を参照します。具体的な資料は対象によって異なるので、適宜判断してください。

　たとえば、特定のメーカーが開発したテクノロジーでは、次のようなものを資料として使います。

- ・製品紹介の公式Webページ
- ・メーカーが作成したマニュアル
- ・製品サポートの公式Webページ
- ・メーカーの開発者向けのWebページ

あるいは、オープンソースであれば、次のようなものを使います。

- ・有志やコミュニティが作成したドキュメント
- ・自分でソースコードを分析した結果

　ただし、ドキュメント類の作成は製品開発の後手に回ることが多く、対象となるバージョンが古いままだったり、メンテナンスが遅れていることもあります。また、メーカーが海外を本拠とする場合は、本拠地の言語で公開されている資料を使うほうがよいでしょう。必要な資料が日本語化されていない、日本語化されていても抜粋されている、古いままで更新されていないなどの場合があります。

　インターネットのコミュニティサイト、掲示板、SNSなども重要な情報源ですが、2次情報は手掛かりとするにとどめてください。開発者本

人の書き込みであることがわかる場合などを除き、決してそのまま引用してはいけません。まずは開発元の公式情報と照合し、それがない場合は自分で検証してください。自分で裏付けした情報であれば、自分が調査したものとして書いてかまいません。

■公式情報と食い違う場合

技術書の原稿を書いていると、公式情報を否定したり、問題点を指摘すべきときもあります。たとえば、次のようなケースです。

- ・メーカーのマニュアルやサポート情報などの公式情報と、自分で調べた結果に矛盾がある
- ・ユーザーの間では問題として広く認識されているが、メーカーは公式にそれを認めていない

製品の動作とドキュメントの記述が異なる場合は、前者を優先してください。その際は、「筆者が実際の製品で試したところ」などと断り書きを入れます。メーカーが述べることと、著者の検証内容は、明確に区別できるように記述してください。

ただし、十分な根拠がないことを、事実であるかのように書いてはいけません。たとえば、ある機能に問題があり、ユーザーの間ではバグと疑われていても、十分な根拠がないことをそのまま出版物に書くべきではありません。また、厳密に言えば、オープンソースでない場合にユーザーがバグと証明することは不可能です。

原因がはっきりしないものの、問題点を指摘したいときは、自分で条件を設定して実験を行い、その結果を“状況証拠”として述べたうえで「動作が不安定になる傾向がある」など、言い切りを避けて記述するのがよいでしょう。

技術書は広告ではないので、結果として欠点を指摘することになっても、十分に調査し、根拠に確信を持ったうえで、読者の利益になると思うのであれば、自信をもって記述してください。

第3章 本文の執筆 | 63

3.2.5　私見は区別する

　事実確認と表裏の関係にあるのが、著者の個人的な意見（私見）です。私見を述べるときは、事実と明確に区別してください。

　原稿は著者のものですから、技術書であっても私見をまったく述べてはいけないことはありません。むしろ、「自分流・情報管理術」のような企画はごく一般的なものです。

　しかし、「何らかの方法で裏付けが得られている事実」と、「それをもとにした著者の意見」は、別のものとして示す必要があります。両者を明快に区別できるように記述してください。

　たとえば、「Aという製品は有名ですが、……のような用途では……という問題があります。よって本書ではBという別の製品を紹介します」と記述したとします。これは私見ではありますが、十分な根拠が示されているので、著者の責任において述べることに問題はありません。

　しかし、もしも「Aという製品は有名ですが、そのメーカーの社長がなんとなく気に入りません。よって本書ではBという別の製品を紹介します」と記述した場合は、根拠は示されていますが、説得力はありません。個人的な趣味は仕方ありませんが、「社長がなんとなく気に入らない」というのは、正当な論評ではなく、ただの難癖です。それは技術的な理由ではないので、もはや技術書とは呼べません。どうしてもBを紹介したいのであれば、Aについて言及せず、Bがいかに優れているかを技術的見地から述べてください。

　なお、私見のほかにも、対象層からするとやや高度な情報や、多くの人には不要なものの特定の人にとっては重要な情報があります。これは私見というよりも、対象層やテーマからやや外れているだけですので、原稿として盛り込みたいのであれば、囲み記事として本文から外れた箇所に書くのがよいでしょう。詳細は「3.4.16 カコミ」で紹介します。

3.3　見出しの付け方

　見出しの階層は、技術書では3～4段階、読み物では1～2段階に収めましょう。また、後の工程のためにマークを付けます。目次として並べたときの文体にも注意してください。

3.3.1　階層は4つまで

　本文には適宜見出しを付けてください。一般に、人間が一貫した話題を読み解くとき、内容を把握しやすいのは3階層までと言われます。IT系の商業出版物の場合、技術書では3～4階層、読み物では1～2階層が一般的です。

　3段階の階層は、上位からそれぞれ「章・節・項」と呼びます。具体的には、「第1章・第2節・第3項」のようになります。実際の出版物では「1-2-3」のように簡単に表記するほうが一般的ですが、執筆や編集の段階では「章節項」の呼び方を使うのが一般的です。第4階層は「条」などの呼び方がありますが、そこまで深い階層は目次などに使われることもないため、呼ばれることもほとんどありません。

　ここでは、階層の少ない読み物の場合から紹介します。企画にもよりますが、第1階層の「章」のみ、あるいは、第1～2階層の「章・節」までに収めましょう。小分けにすると内容を把握しやすくなりますが、小説やノンフィクションなどと同様に、読み物ではひと続きのストーリーが重視されるため、細かく見出しを立てるとかえって連続性が断ち切られてしまいます。執筆しづらい場合は、作業用に第3階層の見出しを付けておき、脱稿したら削除するとよいでしょう。

　技術書の場合は、連続性も重要ですが、後から必要な部分を読み直し

たり、最初から必要な部分だけを拾い読みするような場合も考え、より細かく見出しを立てるのが一般的です。

「項」の中で複数の並列する話題があるときには、第4階層を設けます。その場合、第4階層は大きな箇条書きと考えてください。たとえば、1つの機能に5つのオプションがあり、箇条書きで済ませられるほど短い内容ではなく、逆に、オプションごとに第3階層の見出しを立てるほど大きな内容でもないときは、第4階層の見出しとして扱うのが向いています。

■4階層で収まらない場合—1

複数の章が同じテーマを扱っていることを示す目的で、「章」の上位に「部」または「編」という階層を設けることがありますが、500ページを超えるような大作でないかぎり避けてください。300ページ程度の書籍では、階層が深くなるデメリットのほうが大きくなりがちです。

このような場合は、前書きの中で「本書の構成」として説明したり、章の見出しを工夫することをおすすめします。

●前書きの中で複数の章が連続したテーマを扱っていることを示す例
第1章では概略を説明し、第2〜3章では歴史的経緯を、第4〜8章では検討課題と将来の展望についてテーマ別にとりあげます。

●複数の章が連続したテーマを扱っていることを章タイトルで示す例
第1章　概略
第2章　歴史的経緯—1　電子計算機の誕生
第3章　歴史的経緯—2　パーソナルな道具としてのコンピュータ
第4章　歴史的経緯—3　清書機から発想の道具へ
第5章　電子アーカイブの実現へ向けて

■4階層で収まらない場合─2

　逆に、原稿を書いているうちに、さらに下位の階層を立てて分類したくなることがあります。しかし、第5階層が必要になったときは、全体の構成を考え直してください。それほど小分けにしたくなる原因は、上位の階層、つまり章や節として扱う話題が大きすぎるからです。

　内容の階層と、書籍の見出しの階層は、必ずしも対応させる必要はありません。ひとまとまりのトピックを複数の章に分割してもかまわないのです。

　たとえば、初めてWordを使う方に向けた入門書を企画するとします。そこで、もしも「概略の説明→導入→文書の作成→文書の出力」という4つに分けた場合、理屈としては次のような構成になります。

●理屈としては正しいが、いずれかの章の内容が極端に増える例
第1章　Wordの概略
第2章　Wordの導入
第3章　Wordによる文書の作成
第4章　Wordで作成した文書の印刷

　確かにこの4つを章として並置する理屈は合っていますが、第3章で扱う内容だけが極端に多くなります。長大な内容を1つの章で扱うためには、見出しを細かく立てる必要があるので、見出しの階層も深くなってしまいます。

　そこで長大な内容を扱う章、この例では「文書の作成」にあたる第3章を、複数の章へ分割します。第3章以下が「文書を作る」という大きなテーマを扱っていますが、必ずしもそれを明示する必要はありません。

●各章の内容の量に配慮して構成した例
第1章　Wordの概略

第2章　Wordの導入

第3章　文書の作成と管理　←文書作成の一部分

第4章　装飾の追加　←文書作成の一部分

第5章　表の作成　←文書作成の一部分

第6章　……

■階層は1段ずつ

　見出しの階層は1段階ずつ設定してください。たとえば、章の下位に続くのは節、節の下位に続くのは項になります。章の直下に（節を置かずに）項を続けるような構成はやめましょう。

　しかし現実には、他の章にある項とのバランスや内容を考えると、節ではなく項として設定したい場合があります。

●章の直下に項が続く構成（悪い例）

第1章　プログラミングの楽しさとは

　　1-1-1　デジタル世代のDIY精神を学ぶ　←章の直下に項がある

　　1-1-2　論理的な考え方を学ぶ　←章の直下に項がある

第2章　プログラミングを始めよう

　　2-1　パソコンを準備する

　その場合は、1つしかなくてもかまわないので、節を設定しましょう。電子書籍の場合は、（節を置かずに）章の直下に項を置くと、構文エラーになることもあります。

●項の階層を維持するために節を立てた例

第1章　プログラミングの楽しさとは

　　1-1　プログラミングを通して得られるもの　←節を作る

1-1-1　デジタル世代のDIY精神を学ぶ　←「章節項」の階層に
　　なった
　　　1-1-2　論理的な考え方を学ぶ
　　第2章　プログラミングを始めよう

　ただし、章の直下に項を配置したくなるような場合は、そもそも構成
がよくありません。次の章と統合するなどの方法も考えてください。

3.3.2　番号と記号を付ける

　執筆およびレイアウト作業の便宜を図るため、すべての階層の見出し
には、階層の番号および特殊な記号を付けましょう。この作業は脱稿時
にまとめて行ってもかまいませんが、執筆ツールの機能を使って工夫す
ることもできます。

　実際に使用する記号は出版社などによっても異なりますが、本書では
近年IT技術者の間で人気のある「マークダウン」という書式を使い、さ
らに階層番号を付けることをおすすめします。

　マークダウンとは、基本的な文書構造を、ごく単純な記号を使って示
す書式のことです。アプリケーションやプロジェクトの紹介文（リード
ミー）などに近年よく使われていて、書式をサポートするツールも少し
ずつ増えています。ルールはWikipediaに簡単にまとめられているので、
興味がある方は参照してください。

▼「Markdown」（Wikipedia）

https://ja.wikipedia.org/wiki/Markdown

　マークダウンの書式では、見出し行の先頭に「#」を付け、階層が深く
なるごとに個数を増やします。具体的には次のようになります。

●マークダウン式で見出しを指定した例

\# 3　正規表現とは　←第1階層は「#」が1個

\#\# 3-2　検索条件を指定する　←第2階層は「#」が2個

\#\#\# 3-2-1　複数の条件を指定する　←第3階層は「#」が3個

\#\#\#\# 3-2-1-5　-eオプションを使う方法　←第4階層は「#」が4個

　ただし、ソースコードを紹介するプログラミングの書籍など、本文中で行頭が「#」になる可能性がある場合は、別の記号を使ってください。

■なぜ記号が必要か

　出版物では、ある段落が見出しであることを表現するために、フォントやサイズを変えます。このため、Wordのように文字装飾できるツールで執筆する方は、そのように書くことが多くあります。しかし、このやり方はおすすめできません。とくに、編集者へ提出する原稿では問題になりがちです。

　編集者は、受け取った原稿をチェックして、必要に応じて階層の番号を付けたり、見出しとしてスタイルを付けたりします。このときに見落としがあると、編集作業にミスやムダが生じます。

　しかし、マークダウンのように何らかの記号を付けておけば、Wordからプレーンテキストへ変換したり、何らかの理由で書式が変わってしまっても、必ずテキストとして残ります。また、「段落の先頭が#1個」などの条件で検索できるので、1ページずつ目で確認するよりも見落としを防げます。

　編集者へ提出せず、著者自身がレイアウトを行う場合でも、見出しの見落とし防止に役立つでしょう。

■番号を自動的につける

　執筆中に考えが変わって、見出しの階層や順番を入れ替えることがあ

りますが、そのたびに番号を手作業で付け直すのはとても大変です。また、マークダウンでは「#」の数によって階層が決まってしまうので、項を節へ格上げしたり、逆に章を節へ格下げするようなときは、「#」の数を変える手間が発生します。

　一方、アウトライン機能を持つアプリケーションのなかには、見出しとして指定すると、階層の番号を自動的に付けてくれるものがあります。Wordでも可能ですので、「アウトライン」「リストのスタイル」などのキーワードでヘルプを検索してください。適切に設定すればマークダウンと同様に、階層に応じて記号を付けるスタイルも作れます。

3.3.3　文体をそろえる

　見出しの文体は本文と異なっていてもかまいません。たとえば、本文が「です・ます」であっても、見出しは名詞止めでもかまいません。

　また、見出しの形式や文体は、できるだけ統一してください。本文から見出しを抜き出して並べたものが目次になりますが、目次として並べてみるとばらつきが目立つことがあります。たとえば「……の検索」「……を検索する」「……を検索しよう」のどれでもかまいませんが、できるだけいずれかに統一してください。厳密に統一する必要はありませんが、程度によっては散漫な印象になります。とくに「……する」と「……しよう」の混在に注意してください。

> ●見出しの形式や文体が統一されていない例
> 第1章　企画　←①
> 第2章　本文を書こう　←②
> 第3章　図版を用意する　←③
> 第4章　本文を見直す──推敲　←④

①②③は、個別に見たときは何も問題ありませんが、文体が統一されていません。修正方法としては次のようなものが考えられます。

・体言止めで統一する：②を「本文の執筆」、③を「図版の用意」に修正する。
・「……する」で統一する：①を「企画を立てる」、③を「図版を用意する」に修正する。
・「……しよう」で統一する：①を「企画を立てよう」、②を「図版を用意しよう」に修正する。

また、④は、「（日常的な言葉での表現）──（専門用語）」という形式になっています。内容の性質が異なる章は統一しなくても問題ありませんが、理由もなく③と④が同じ階層に並んでいるのは不自然です。②を「本文を書く──執筆」などと改めるか、④を（「──推敲」を削除して）「本文を見直す」と改めます。

いずれも、本文だけを見ていると気づきにくいので、推敲時には見出しだけを抜き出して、目次としてまとめてチェックしてください。

なお、実際には、第1階層は体言止め、それ以外の階層は「……しよう」で統一するなどの場合もあります。

72　第3章　本文の執筆

3.4　本文の書き方

　本文の書き方について、技術書でよく使うものを中心に紹介します。リード、脚注、カコミなど、本文ではないものの必要になる要素についても紹介します。

3.4.1　字下げと空白行

　各段落の書き出しには、全角1文字のスペースを入れます。本文の書き出しが1文字分下がるので、これを「字下げ」と呼びます。実際の原稿を見ると、字下げがない、スペースが半角1個あるいは2個のことがあるので、統一してください。

　iOS端末で執筆する場合は、標準機能だけでは全角スペースを入力できないので、他社製の日本語入力アプリを使うか、後でパソコンへ移してから推敲時に修正してください。

　近年は、商業出版物のなかにも意図的に字下げをしないデザインを採用することがありますし、ブログではむしろ字下げをしないほうが一般的と言ってもよいでしょう。その流れのためか、文芸書を除くと、セルフパブリッシング本にも字下げをしないものが目立ちます。

　しかし、特別な理由がないかぎり、字下げすることを強くおすすめします。技術書では文字数が多くなりますし、ブログのように文の途中で頻繁に改行することもありません。しかも、前の段落に偶然にも幅いっぱいまで文字があると、段落が変わったことがわからなくなるおそれがあります。

　逆に、話題の転換を示すために、空白行を入れることがありますが、技術書ではできるかぎり避けてください。見出しの少ない文芸書ではよ

第3章　本文の執筆　73

く見られる書き方ですが、空白行を入れて話題を転換するくらいであれば、見出しを立てて現在扱っているトピックを明確にするか、囲み記事として本文から分割しましょう。

なお、括弧で始まる段落や、箇条書きでは、字下げする必要はありません。

3.4.2　英数字

英数字は、原則としてすべていわゆる半角文字で書いてください。

1桁の数字にのみ全角文字を使うことがありますが、これは縦書きでレイアウトしたときにその部分が細くへこんで見えてしまうのを避けるためです。横書きの文章では、そのような使い分けは不要です。

ただし、箇条書きの各項の先頭に「(1) (2) (3)」や「(A) (B) (C)」と書く場合は、全角にするほうがきれいにそろう場合があります。これはレイアウトに使うツールとも関係するので、比較検証してから統一してください。著者自身がレイアウトをせず、編集者に任せる場合は、半角文字で統一してもよいでしょう。

■英字の前後にスペースを入れない

メールやブログでは、英数字の前後に半角スペースを入れる習慣が一部にあります。おそらく、文字の間隔を細かく制御できないことから、読みやすさを追求して生まれたものと思われます。

本来、英数字の前後の空白は、組版ツールや電子書籍リーダーが調整すべきものです。しかし、レイアウトに使うツールが英数字の前後の空白を調整できない場合は、上記のことを理解したうえでの回避措置として、半角スペースを入れるという判断もありえるでしょう。

ただし、商業出版物で使われる英数字の前後の空白の幅は、一般的に全角の8分の1です（実際には、前後にある文字の種類との組み合わせで

さらに細かく調整します）。半角スペースはその4倍ですから、商業出版物と比べると、間隔が広すぎることになります。

●かな漢字と英数文字の組み合わせの例

【スペースを挟まない例】初代 iMac は 1998 年に発売されました

【半角スペースを挟んだ例】初代 iMac は 1998 年に発売されました

《商業出版の場合》

英数字の前後には、スペースは絶対に入れないでください。原稿にスペースを入れても削除されるか、削除したうえでの再提出を求められるでしょう。InDesign をはじめ、商用の組版システムでは英数字の前後の間隔を自動的に設定します。

■数値

数値には、3桁ごとに半角のカンマ「,」を適宜入れてください。ただし、習慣的に年にはカンマを付けません。

●カンマを付ける、付けない例

【付ける例】1GB は、1,024MB です。

【付けない例】今年は 2018 年です。

巨大な数値の場合は、単位を表す漢字と組み合わせることがあります。とくに読みやすさに注意してください。

●数値と、単位を表す漢字を組み合わせた例

1ペタバイトは、約 1,125 兆バイトです

分数は、半角スラッシュを使って「1/3」のように表記する方法と、そ

のまま文章として「3分の1」と表記する場合があります。

　どちらでもかまいませんが、「1/3」と表記すると、その部分だけ読む方向が逆になります。また、今後電子書籍で読み上げ機能を使う人が増えてくる可能性もあるので、「3分の1」のように文章として書くことをおすすめします。

■漢数字との使い分け

「1、2、3」のようなアラビア数字と、「一、二、三」のような漢数字は、やや使い分けが難しいところがあります。原稿では、自分でルールを決めて使い分けてください。

　一般的には、原則としてすべてアラビア数字で書き、熟語や成句に限って漢数字を使います。

> **●アラビア数字と漢数字の例**
> オプションを1つ指定するだけで、3番目と5番目の2つの値を一度に得られます。一挙両得です。

「一挙両得」は1つの言葉として成立しているので、漢字で書きます。もしも「1挙両得」と書けば、誰でも違和感があるでしょう。

「一度に得られる」の部分は、判断が難しいところです。「1度めは……2度めは……」という文脈であれば、順番を示すのでアラビア数字がよいでしょう。しかし「ここで一度保存しておきましょう」のように、順番の意味がないのであれば、成句とみなして漢数字にするほうが違和感が少ないでしょう。ただし、熟語以外はアラビア数字に統一するように徹底するケースもよく見られます。この例文でも、編集者によっては「1度に得られます」と修正することがあります。

76 第3章 本文の執筆

《筆者の場合》

　アラビア数字で書くと違和感がある箇所のみ、漢数字を使っています。ただし、編集者によっても判断が分かれることがあるので、自分自身で編集する場合を除き、あまりこだわらないほうがよいかもしれません。

　また、数字を使った言い回しはできるだけ避けます。たとえば「一度に得られます」は「同時に得られます」、「1度保存しましょう」は「いったん保存しましょう」と言い換えます。

■単位

　データ量の単位をアルファベットで表記するときは、大文字と小文字を間違えないように注意してください。たとえば、メガバイトは「MB」と大文字で書きます。「mb」ではありません。

●データ量の単位の表記

　　・ビット：b
　　・バイト：B
　　・キロバイト：KB
　　・メガバイト：MB
　　・ギガバイト：GB
　　・テラバイト：TB

「b」と「B」の違いにはとくに注意してください。小文字ではビットを、大文字ではバイトを示します。一般的に、データ通信ではビット、端末内のファイルサイズを示すときはバイトが使われます。

　たとえば、モバイル通信やネットワーク機器でよく使われる「bps」は「ビット・パー・セコンド」（1秒あたりのビット）の意味です。値が大き

いときは「Mbps」（メガビット・パー・セコンド）などを使います。「Bps」と表記すると「1秒あたりのバイト」の意味になります。あまり使われることのない単位ですが、必要があるときはそのように表記することもあります。ただし、読者が混乱しないように解説を加えてください。

　なお、単位には通常の文字を使ってください。1文字分のスペースに小さく書く記号類（いわゆる外字）は、使わないでください。さまざまな原因により、期待通りに表示されないおそれがあります。

3.4.3　カタカナ表記

　コンピュータ用語には英語をカタカナ表記するものが多くありますが、原則としてテーマとするテクノロジーの表記に従ってください。「ユーザー」と「ユーザ」、「メモリー」と「メモリ」などの表記は、メーカーなどによって異なることがあります。このような表記は、JISや文部科学省からガイドラインが公表されていますが、技術書の場合は、テーマとする製品やサービスなどの表記に合わせるほうが読者にとっては見慣れているので読みやすいでしょう。

　たとえばパソコンメーカーの場合、マイクロソフトは末尾に長音を付ける一方、アップルは付けない傾向にあります。よって、Windows環境を前提にする場合は「ユーザー」「メモリー」、Mac環境を前提にする場合は「ユーザ」「メモリ」のように表記するのが適切です。

　特定のOSを前提にしない場合は、企画によって判断してください。ユーザー数の多いWindows式に統一したり、レイアウトしたときの語感を優先してどちらにも統一しない場合もあります。

　この件に興味のある方は、次の資料を参照してください。

▼「外来語の表記　内閣告示第二号」（文部科学省）
http://www.mext.go.jp/b_menu/hakusho/nc/k19910628002/
k19910628002.html

▼「マイクロソフト、外来語カタカナ用語末尾の長音表記を変更へ　〜
コンピュータ/プリンタがコンピューター/プリンターに」（PC Watch）
https://pc.watch.impress.co.jp/docs/2008/0725/ms.htm

3.4.4　カギ括弧

　一般的に知られていない用語や、扱うテーマにとって特別な用語であ
ることを示したいときは、カギ括弧を使って強調します。このような書
き方は、あまり有名ではない、または、対象となる読者にとって知名度
が低いと思われる製品や企業の名前にも使います。
　カギ括弧で囲むのは最初に登場するときだけで十分です。すべての箇
所でカギ括弧を使う必要はありませんし、むしろくどい印象になります。

　●強調のためのカギ括弧の例
　文書の中で特定の部分に共通の書式を設定するには、「スタイル」
　機能を使います。スタイルは必要に応じていくつでも作成できま
　す。　←2度めに登場する「スタイル」にカギ括弧は付けない

　ただし、一般名詞がそのまま製品名になっているときは、つねにカギ
括弧を付けます。たとえば、macOSに付属するメールソフトは「Mail」、
地図ソフトは「マップ」などと名付けられています。カギ括弧を使わずに
書いてしまうと、一般名詞としてのメールやマップと、個別のアプリケー
ションの、どちらを指すのかわからなくなります。そこで、アプリケー
ションのほうにカギ括弧を付けて、一般名詞ではないことを示します。

　●一般名詞が製品名のときの例
　メールをやり取りするには、macOSに付属する「Mail」を使います。
　「アプリケーション」フォルダを開いて「Mail」のアイコンをダブ

第3章　本文の執筆　｜　79

ルクリックしてください。メールを送受信するには、まず「Mail」
のメニューからアカウントを設定します。 ←2度め以降の出現に
もカギ括弧を付けて区別する

3.4.5　強調

　文中のある用語が重要であることや、著者の造語であることを示した
り、語句に二重の意味を持たせるなどの理由で、語句を強調したい場合、
それを出版物で実現する方法にはいくつかあります。
　　①　カギ括弧でくくる
　　②　引用符でくくる
　　③　書体を変える（例：明朝体からゴシック体に変える）
　　④　傍点を付ける

　上記の①②は著者が原稿中で記述できる方法、③④は次の工程である
レイアウト作業に指定する必要がある方法です。

■原稿中で記述する方法
　語句を強調するためにカギ括弧を使うことは、広く見られる使い方
です。

　　●強調指定の例
　　【例】このような書き方を「入れ子」と呼びます。
　　【例】ここでは「スタイル」機能を使ってみましょう。

　ただし、IT系の読み物では、製品名や、その分野で標準的に使われる
用語と、解説のために著者が作った造語は、分けるほうがよいでしょう。

前者にはカギ括弧、後者には引用符を使って区別する例がよく見られます。後者のみをカギ括弧でくくる例も多くあります。

●強調指定の例

【例】チームのモチベーションを上げるため、「ダメ出し」ならぬ、「ヨシ出し」という会を設けました。　←両方をカギ括弧

【例】チームのモチベーションを上げるため、「ダメ出し」ならぬ、"ヨシ出し"という会を設けました。　←一般的な単語はカギ括弧、造語は引用符

【例】チームのモチベーションを上げるため、ダメ出しならぬ、"ヨシ出し"という会を設けました。　←一般的な単語は何もせず、造語のみ引用符

　いずれの書式を使ってもかまいません。ただし、括弧の使い方が混乱すると読者にとっても混乱するので、自分のルールを決めてください。

■レイアウトのために指定する方法

　書体や傍点を使って強調したい場合は、執筆ツールやワークフローに応じて検討する必要があります。

　まず、Wordで書いた原稿をそのままレイアウトする場合は、Wordの機能を使って指定すればよいでしょう。書体を変更したり、傍点を付ける手順は、Wordのヘルプを参照してください。

　それ以外に、Word以外のツールで原稿を書く場合や、Word以外のツールでレイアウトをする場合は、編集者に対して「この部分を強調してほしい」という指示を原稿の中に書く必要があります。

　指定方法はどのようなものでもかまいませんが、執筆の妨げにならず、本文中のほかの文章と混乱するおそれがないものを使ってください。

●強調指定の例

【例①】このような書き方を＜太字＞入れ子＜/太字＞と呼びます

【例②】このような書き方を**入れ子**と呼びます

●指定に基づいて語句を強調した例

【書体を変えた例】このような書き方を**入れ子**と呼びます

【傍点を付けた例】このような書き方を入れ子と呼びます

　例①は、確かに誰が見ても明確な範囲指定ができますが、執筆中の負担になります。例②はマークダウンの書式を使ったもので、半角の「*」または「_」を2個、強調したい語句の前後両方に書きます。マークダウンはまだ一般的ではないので、他人にレイアウトしてもらう場合は、自分の執筆ルールを伝えましょう。

　ただし、確実に強調したいときは、書体や傍点を使わず、カギ括弧や引用符を使うことをおすすめします。発表するメディアによっては、書体や傍点を使った強調が技術的に不可能だったり、端末によって見えづらいことがあるからです。

《商業出版の場合》

　商業出版の場合は必ず校正のやり取りがあるため、校正時にマーカーを引くなどして、まとめて指定する場合があります。

3.4.6　ルビ

　漢字に小さなサイズで添える読み方の文字ことを「ルビ」と呼びます。自分で出版物のレイアウトも行う場合は、レイアウトに使うツールの都合に合わせて記述してください。

　ルビでは、小さく書く文字「ぁぃぅゃゅょ」などは、小さくせずに大きいままで書くのが原則です。たとえば「一所懸命」にルビを振るには

82　第3章　本文の執筆

「いっしよけんめい」と書きます。

　ただし、ルビは本文よりも小さなサイズになるため、発表メディアや端末によっては非常に読みづらくなります。技術書の場合は、できるだけルビは使わないほうがよいでしょう。

　読み物の場合はルビを使うことも多くありますが、固有名詞や技術用語などは読みやすさを優先して、丸括弧（）を使って併記することをおすすめします。

> ●丸括弧で読み方を示す例
> 【例】国境近くにある華強北（ファーチャンベイ）という町では
> 【例】鴻海（ホンハイ）精密工業

3.4.7　記号

■句読点

　句読点には、原則として全角の「、。」を使ってください。なお、句点とは「。」、読点とは「、」のことです。

　とくに専門性の高い数学、理化学、工学などの書籍では、カンマとピリオド（,.）や、カンマと句点（,。）の組み合わせを使うこともありますが、IT系の書籍は一般の方が読むことのほうが圧倒的に多いため、「、。」を使うことをおすすめします。

■括弧

　括弧類、具体的には「」『』（）［］〈〉""などの記号は、全角で書いてください。英語をくくる括弧も同様です。なお、数式に関しては本項の中で、プログラムコード中の記号については「4.9 プログラムコード」で紹介します。

第3章　本文の執筆　83

●括弧類の例

【例】『広辞苑』によれば　←括弧は全角

【例】マイクロソフト（Microsoft）　←アルファベットは半角、括弧は全角

　括弧内に文章を書くときは、末尾のみ句点（。）を省略します。ただし、完結した文章であることをとくに強調したいときは、末尾の句点を括弧内に書くこともあります。

●カギ括弧内の文章の句点の例

【例】彼は「そのコードではだめだ。設計からやり直せ」と言ったのです。

【例】契約書には「相互の誠意をもって解決にあたる。」という条文があります。

　丸括弧でくくった文章を文末に置いてただし書きを加えたいときは、文末の句点の前に置きます。文脈によっては句点の後に置くこともありますが、近年では少数派のように思われます。どちらでもかまいませんが、どちらかに統一してください。

●文末の句点とただし書きの丸括弧の例

【例】データ量は、通常は3GB程度です（1GBまたは2GBのこともあります）。　←推奨

【例】データ量は、通常は3GB程度です。（1GBまたは2GBのこともあります）　←これでもよい

　なお、文章を括弧内に入れることで、情報の重要度や頻度などを暗黙に示す場合があります。しかしこれは不明確ですので、たとえば次のように書くことをおすすめします。

84　第3章　本文の執筆

●括弧を使わずに情報の重要度を明記する例

【例】データ量は、通常は3GBですが、まれに、1GBまたは2GB
のこともあります。

【例】データ量は、通常は3GBです。ただし、まれに1GBまたは
2GBのこともあります。

■中黒

「・」を中黒（なかぐろ）と呼びます。一般的には、外国人や企業の名
前、複合語のように、語句全体で1つであることを示すときと、複数のも
のを列挙して並列するものであることを示すときの両方で使われます。

●中黒を使う例

【人名】スティーブ・ジョブズ

【複合語】ステップ・バイ・ステップ（複合語では中黒を省略す
ることもある）

【列挙】作成した書類を保存・印刷・共有する手順を学びましょう

ただし、近年の技術書で用語を列挙する場合は、グループであること
を強調する場合のみに中黒を使い、単純に列挙するには読点を使う傾向
にあります。列挙は読点で統一することも増えているようです。

●中黒と読点の使い分けの例

【中黒で列挙する例】このアプリを使うと、PDFに含まれる要素
を追加・修正・削除できます。

【読点で列挙する例】このアプリを使うと、PDFに含まれる要素
を追加、修正、削除できます。

第3章　本文の執筆 85

どちらも間違いではありませんが、列挙には読点を使うと統一するほうが、ルールとしては明快です。IT系の文章では、外国人やカタカナ表記の企業の名前を書くことが多く、複合語も多数あります。これらを2つ続けるときは「と」「および」「または」などの語が使えますが、3つ以上を列挙するには不自然です。しかも、列挙するときにも中黒を使うと複合語と区別できなくなりますが、複合語の中黒を省略すると読みづらくなります。よって、名称や複合語は中黒、列挙は読点とすることをおすすめします。

> **●中黒を伴う名称を読点で区切って列挙する例**
>
> 【例】CPUを製造するメーカーとしては、インテル、アドバンスト・マイクロ・デバイセズ、アームが有名です。
>
> 【例】ソニーのグループ会社には、ソニー・インタラクティブエンタテインメント、ソニー・ピクチャーズ エンタテインメント、ソニー・ミュージックエンタテインメントがあります。

■リーダーとダーシ

「……」は「…」（3点リーダー）を2つ続けて記します。WindowsやMacの内蔵かな漢字変換機能で3点リーダーを入力するには、中黒（・）を入力して変換すると候補に表示されます。中黒は使わないでください。

> **●3点リーダーを使う例**
>
> 【正】ここに、1、2、3、5、7、11、……と並んでいる数があります。
>
> 【誤】ここに、1、2、3、5、7、11、・・・と並んでいる数があります。　←中黒を使っている

　プログラムコードに書き込む説明など、続く語句がなく、本文から外

れた個所では、3点リーダーは1つでもかまいません。

> **●コードの説明文で3点リーダーを1個使った例**
> ```
> $ hostname[Enter]   ←コマンドを入力してEnterキーを押すと…
> myhostname  ←実行結果が表示された
> ```

「――」は「―」（ダーシ）を2つ続けて記します。ダーシは長音「ー」や全角ハイフン「－」とは違います。ダーシを入力するには、「よこぼう」と入力して変換します。

■感嘆符と疑問符

本文中で感嘆符（！）や疑問符（？）を使うときは、全角で入力します。また、それらが文末にあるときは、次の文との間に全角スペースを入れます。

> **●文中に「？」で終わる文章がある例**
> 複雑なオプションを暗記する必要があるのでしょうか？　そこでオンラインヘルプを活用しましょう。

なお、「⁉」または「⁈」のように2個続けるときは、半角文字2文字で書きます。次の文との間には、同様に全角スペースを入れます。

■権利や商標など

著作権を表す「(C)」、登録商標を表す「(R)」、トレードマークを表す「TM」は、解説のための出版物では省略することが通例です。

各社が自前で発行するカタログやPR冊子などでは、出現するたびにこれらの記号を併記することがありますが、市販の書籍ではそのような習慣はありません。

第3章　本文の執筆 | 87

《商業出版の場合》

　目次の後や、最初の章の前など、本文から外れた箇所で次のように まとめて断り書きを入れることが通例です。

　【例】Apple、Mac、Macintosh は、Apple Inc. のアメリカおよびその 他の国における登録商標または商標です。

　【例】会社名および製品名は、一般に各社の登録商標または商標で す。本文中では「(C)」「(R)」「TM」マークは表記していません。

■数式

　本文中に挿入する数式の表記はルール化が難しいものの1つで、企画 内容によって検討する必要があります。最終的には読みやすさを第一に 考えてください。

　技術書においては、開発者向けの企画でプログラムコードを含むよう な場合は、すべて半角で書き、適宜スペースも入れるほうがよいでしょ う。コードと同じ書き方をするほうが、紙面で違和感がないからです。 ただし、句読点と並ぶときは、スペースは入れないほうがよいでしょう。

●プログラムコードを掲載するような出版物の例

　結果として、(3 + 5) * 2 = 16 となります　←すべて半角で、すべ ての要素の間にスペースを入れる（ただし、読点の後の括弧の前 にはスペースを入れない）

　一方、読み物の性格が強く、プログラムコードがわずかであるか、まっ たくないときとは、数字のみを半角にして、スペースは入れないほうが よいでしょう。

●プログラムコードを掲載しない出版物の例

　結果として、（3＋5）×2＝16となります　←括弧、乗算記号の

> ×、イコールは全角で、スペースは入れない

　実際には、紙面の出来上がりを見て、全体的に違和感がより少ないほうを選ぶことも多くあります。レイアウトツールとの兼ね合いで決めてもよいでしょう。なお、プログラムコードについては元のコードのままにしてください。全角文字へ変換する必要はありません。

3.4.8　定義の説明

　特定の用語を説明するときは、文を「……とは、」と書き始め、用語をカギ括弧でくくると、それが定義であることを明確にできます。簡単に「……は、……です」と説明しても大意は同じですが、特別な用語であることを説明とともに強く印象づけられます。

> **●定義を説明する例**
> 【通常の文の例】Twitterのタイムラインは、フォローしているユーザーのツイートを時系列で並べたものです。
> 【よりよい例】Twitterの「タイムライン」とは、フォローしているユーザーのツイートを時系列で並べたものです。　←「とは」と、カギ括弧で強調した

3.4.9　箇条書き

　箇条書きをするときは、書式を統一してください。ひとまとまりの箇条書きだけでなく、出版物全体での統一にも注意してください。

第3章　本文の執筆　89

■箇条書きの先頭

　一般的には、先頭に数字やアルファベットを付けるものと、同じ記号を付ける場合の2種類を決めるとよいでしょう。前者は手順や順位を示すために、後者は順不同であり単純に列挙するときに使います。また、文言との間にスペースを付けるかどうかも統一してください。

●「全角数字、全角ピリオド、文言」の書式を使った箇条書きの例

１．アプリケーションを起動します。

２．新規書類を作成します。

３．文章を入力します。

●「中黒、文言」の書式を使った箇条書きの例

・ワード

・エクセル

・パワーポイント

　もしも、手順を示すときに同じ記号を使ったり、順位を付ける必要がない内容に対して数字を使うと、読者は瞬間的に迷うおそれがあります。明確に使い分けてください。

　1つの箇条書きの中での統一はもちろん、出版物全体で統一することも忘れないでください。理由がないかぎり、一度「1. 2. 3.」と決めたら、別の箇所で「1) 2) 3)」「A) B) C)」などと書いてはいけません。

　なお、箇条書きの各項目に分類などを付けるときは、これも出版物全体で書式を統一してください。ある箇所ではコロン、ある箇所では3点リーダーなどとしてはいけません。

●「中黒、分類、コロン、文言」の書式を使った箇条書きの例

・文書作成：ワード

・表計算：エクセル

・プレゼンテーション：パワーポイント

■末尾の句点の有無

　箇条書きの文言の末尾に句点（。）を付けるかどうかは、内容から判断
してください。項目が単語1つであったり、ごく短い語句であれば、句
点は不要です。

●単語の列挙であるため句点を付けない例
・ワード
・エクセル
・パワーポイント

　文章になるくらいの長さがあるときは、句点を付けるほうが読みやす
くなります。句点がなくても違和感がないくらいに短いものであれば、
付けなくてもかまいません。しかし、迷うほどであれば付けるほうがよ
いでしょう。どちらでもかまいませんが、1つの箇条書きの中で統一し
てください。

●句点の有無を統一していない例（悪い例）
1．アプリケーションを起動します　←句点ナシ
2．新規書類を作成します。　←句点アリ
3．文章を入力します
●句点を付けて統一した例
1．アプリケーションを起動します。
2．新規書類を作成します。
3．文章を入力します。

第3章　本文の執筆　91

3.4.10　別の箇所の指示

　本文中で別の個所を参照するように指示するときは、出版物では、①章節項の番号とタイトル、または、②ページ数で示します。どちらを使うかは編集方針によります。

　ただし、原稿の執筆中は指示する先が確定しないことがほとんどですので、どちらの方法を選ぶ場合でも、執筆中は暫定のものを書いておき、推敲または校正のときに、差し替えや確認をしてください。

　①の方法を選ぶ場合は、執筆中に章節項を入れ替えたりタイトルを変更すると、指示元も書き換える必要があります。忘れやすいので注意してください。

　②の場合は、レイアウトしなければページ数がわからないので、そもそも正確に書くことができません。そこで暫定的に「※※ページ」のように記号を当て込んでおき、レイアウトと校正が終わり、ページが確定してから、参照先を確かめて「30ページ」や「前のページ」などと書き換えます。このとき、当て込みの箇所には、統一した記号を付けてください。統一しておけば、その記号を検索するだけで修正すべき箇所を見つけられます。「999」や「00」のような数字では見落としてしまうおそれが大きいので、本文中で目立つ記号を使うことをおすすめします。

　どちらの方法を使う場合でも、校正のできるだけ最後の段階で再確認をしてください。校正で修正したために目的の箇所がページを超えて移動すると、指示するページがずれてしまうことがあります。

　なお、執筆ツールによっては、執筆中には参照先へのリンクを設定しておき、脱稿時に章節項の番号を確定して標準テキストやPDFなどへ書き出しできるものがあります。

■見出し番号とタイトルの書き方
　章節項の番号と、そのタイトルを示す方法では、番号を括弧の外に出

す場合と、括弧内に含める場合があります。あらかじめ方針を決めておくか、編集者と相談してください。

> **●章節項の番号とタイトルを使って参照先を示す例**
>
> 【例】詳細については3-2-1「複数の条件を指定する」を参照してください。　←番号を括弧の外へ出す例
>
> 【例】詳細については「3-2-1　複数の条件を指定する」を参照してください。　←番号を括弧の中へ入れる例

■「後述します」は避ける

　章節項の番号やページ数を示さずに、単に「後述」と書くことはできるだけ避けてください。どこを参照すればよいのか、具体的にわからないからです。たとえ章や節のような大きな見出しを立てて扱うつもりのことでも、指示先を明記するほうが親切です。

　実際には、執筆中はつい「詳細は後述します」と書いてしまうことがありますが、推敲や校正で、具体的な指示先と書き換えてください。

　同じ項で扱うなど、すぐ近くの箇所で扱う場合は、あらかじめ「ここでは……と……を順に紹介します」「……については本項の中で紹介します」などとするとよいでしょう。

■電子書籍特有の注意

　リフロー型の電子書籍で発表する場合は、ページ数ではなく、見出し番号とタイトルを使った指示を使ってください。「1.4 電子書籍の基礎知識」で紹介したとおり、電子書籍のうちリフロー型のものではページの概念がないからです。

　固定レイアウト型の電子書籍では、電子端末で表示されるページと、そこに配置される内容は、印刷書籍のものと同じです。よって、印刷書

第3章　本文の執筆 ｜ 93

籍を前提にして本文で「○○ページを参照」と記述しても、指示する先
は変わりません。

　一方、リフロー型の電子書籍の場合、端末で表示される範囲は「偶然
にも画面1つ分になった」というだけであり、印刷書籍のものとは関係
ありません。電子書籍でも強制的に画面を改めることは可能ですが、そ
の機能は書籍の「章」のような、内容の区切りに使うのが一般的です。
よって、本文で「○○ページを参照」と指定することは不可能です。

　ちなみに、リフロー型の電子書籍では印刷書籍のような索引を作成で
きません。これもページ数を指定できないからです。ただしリフロー型
の電子書籍では全文検索できることが一般的ですので、代用はできます。

3.4.11　参考文献の紹介

　参考文献を紹介するときは、タイトル、および、それに付属する情報
を書きます。重要なことは、出典が確かなものであり、興味を持った読
者が入手できるように手掛かりを示すことです。

　参考文献を示すときの書式にはさまざまなものがあり、文脈次第ではア
レンジされたものも多く見られます。学術論文ではないので厳密にルー
ルに従う必要はありませんが、少なくとも1冊の中で基本となる書式を1
つ決めてください。

■単行本の場合
　単行本の参考文献を示すときは次の書式を基本としてください。

> **●単行本を参考文献として示す書式の例**
> 【例】著者名『書名』（出版社名）
> 【例】『書名』（著者名、出版社名）

94 | 第3章　本文の執筆

アレンジする場合でも、書名には二重カギ括弧、出版社名には丸括弧
を使うのが原則です。著者名を括弧の中に入れる書式もよく見られます。
　著者名には「……著」、出版社名には「……刊」と書くこともよくあり
ます。また、「……・著」のように記号を加えたり、刊行年を追加するこ
ともあります。具体的には次のように記します。

●単行本の参考文献を示す例

　【例】向井領治『Boot Camp 導入ガイド』（インプレス R&D）

　【例】向井領治著『Boot Camp 導入ガイド』（インプレス R&D 刊）

　【例】向井領治・著『Boot Camp 導入ガイド』（インプレス R&D・刊）

　【例】著＝向井領治『Boot Camp 導入ガイド』（刊＝インプレス R&D、
　2015 年）

本文中で紹介するときは、文脈に応じてアレンジしてもかまいません。

●本文中で単行本の参考文献を示す例

　【例】向井領治が 2015 年に発表した『Boot Camp 導入ガイド』（イ
　ンプレス R&D）によれば……

　【例】『Boot Camp 導入ガイド』（向井領治著、インプレス R&D 刊）
　によれば……

　社名が付いた文庫や新書などの大規模なシリーズの場合は、出版社名
の代わりにシリーズ名を示すことが一般的です。社名が付かない、ある
いは小規模なシリーズの場合は、シリーズ名を省略するか、出版社名と
シリーズ名を併記するほうがよいでしょう。

●シリーズの参考文献を示す例

　【例】野口悠紀雄『「超」整理法』（中公新書）

第 3 章　本文の執筆　95

【例】マルセル・モース『贈与論』（ちくま学芸文庫）

【例】向井領治『Boot Camp 導入ガイド』（インプレス R&D、NextPublishing）

　セルフパブリッシング本、同人誌、会員限定の冊子など、特殊な形態で流通しているものは、個別に刊行形態や入手方法などのただし書きを追加してください。

■新聞や雑誌の場合
　雑誌や新聞の場合は、次の書式を基本として記してください。書籍と異なり、括弧は二重括弧ではない点に注意してください。

●雑誌や新聞を参考文献として示す書式の例
【例】「雑誌名」（出版社名）

【例】「新聞名」（新聞社名）

　ただし、メディア名に社名が付いているときは、出版社名や新聞社名は省略されることが一般的です。また、必要に応じて号数や刊行日なども併記してください。具体的には次のように記します。

●雑誌や新聞の参考文献を示す例
【例】「デジタルカメラマガジン」2016年5月号（インプレスジャパン）

【例】「日本経済新聞」2016年3月3日朝刊

■辞書の場合
　辞書から引用するときは、慣習的に書名のみで示されます。ただし、

出版社名を付けても問題はありません。また、必要に応じて版の数を併記することがあります。

> **●辞書から引用する例**
> 【例】『広辞苑』第6版（岩波書店）によれば「推敲」とは、「詩文を作るのに字句をさまざまに考え練ること」とあります。
> 【例】「推敲」とは、「詩文の字句を何度もねりなおすこと」です（『明鏡国語辞典』より）。
> 【例】『大辞泉』によれば「推敲」とは、「詩文の字句や文章を十分に吟味して練りなおすこと」とあります。

3.4.12　著作物の引用

　他人の著作物を引用するときは、引用範囲を明確にしたうえで、引用元を示してください。また、必要に応じて権利表記をしたり、権利者に使用許可を求めてください。正当な範囲で引用すること自体は著作権法で認められていますが、引用したことを明記しなければ盗用として扱われるおそれがあります。

　なお、図表や写真については「第4章 本文の補助要素」で扱いますが、引用に関しては本項でまとめて紹介します。

■文章の引用

　文章を引用する場合は、何らかの方法で引用部分の範囲を明確に区別できるようにします。具体的には、カギ括弧でくくる、または、段落を変える方法が一般的です（出版物ではさらに装飾を加えることもありますが、原稿で指定する必要はありません）。どちらを使うかは、引用する文の長さなどで使い分けます。1冊のなかで混在してもかまいません。

引用する文章は、漢字の使い方なども変えずに、原文通りに書き写してください。明らかな誤字脱字があっても修正せず、「原文通り」「原文ママ」などと併記して、原文から修正していないことを示します。Webページのようにコンピュータのテキストになっている場合はコピー＆ペーストでよいのですが、印刷物などを読んでタイプするときは書き写しのミスに注意してください。

　また、表記のルールが執筆中の原稿と異なる場合でも、変更しないでください。旧字体は新字体へ修正してもかまいませんが、その旨のただし書きを加えてください。

　引用元を示すには、本文の中で記すか、引用文の後に丸括弧でくくって記します。どちらでもかまいませんし、1冊のなかで混在してもかまいません。

●引用元を示す例

　【例】向井領治『考えながら書く人のためのScrivener 入門』（BNN新社）によれば、「……」とされています。

　【例】これはつまり「……」（向井領治『考えながら書く人のためのScrivener 入門』、BNN新社）ということなのです。

　外国語の資料から引用する場合は、原文ではなく、日本語訳した文章を記述します。原文は不要です。著者自身が訳した場合は「著者訳」「拙訳」などと併記してください。

■図表や写真の引用

　文章以外の、図版、表、写真などを引用する場合は、著作権者の許諾が必要です。出典が印刷書籍の場合はもちろん、Webページでも同じです。あらかじめ使用許諾条件が示されている場合は、それに従ってください。そうでない場合は、著作権者に連絡を取り、記録に残る方法で許

諾を得てください。

　許諾を求める場合は、一般的に、次のような事項を記載します。

●許諾を求める場合に必要な事項の例
　　・自分の名前や連絡先
　　・掲載予定の出版物の名前、趣旨、刊行予定日
　　・掲載する目的
　　・引用したい対象

　許諾を求めたり、報告をした場合は、実際に出版物を刊行した後に刊行した旨を報告してお礼を伝えましょう。企画にとってとくに役割が大きな場合は、印刷書籍や、電子書籍のPDFファイルを贈呈するとよいでしょう。

■許諾が不要の場合
　無償で利用できる場合でも、許諾が不要とはかぎらない点に注意してください。実際には、無償であっても権利表記が必要であったり、営利目的の出版物は許諾されないなどの場合があります。思い込みで処理するのではなく、必ず著作権者ごとの意向に従ってください。

　企業や団体などがPRのために不特定多数に向けて公開しているWebページのスクリーンショットは、出典元を明記すれば、慣例として許諾を得る必要はありません。ただし、少しでも不安があれば、権利元へ確認してください。

　官公庁、地方公共団体、独立行政法人などが一般向けにPRすることを目的に作成している広報資料、統計資料、報告書などは、解説の素材として利用できます。ただし、転用を禁止すると示されている場合はそのかぎりではないので、よく確かめてください。

　ソフトウェア開発者など、個人のWebサイトから引用する場合は、た

とえ「掲載時に連絡不要」と書いてあっても、「返信不要」と断ったうえ
で、メールなどで報告するほうがよいでしょう。

　なお、自分で撮影した写真や、描いたイラストであればほぼ問題あり
ませんが、対象によっては肖像権や商標権の侵害になる場合があります。

■著作権フリー素材

　市販の素材集や、ソフトウェアに含まれるクリップアート集を使った
場合は、念のために使用条件を確認してください。場合によっては、印
刷メディアでは利用できないものや、非商用利用に限定されるものがあ
ります。

《商業出版の場合》

　商業出版では、多くの場合、編集者が許諾の必要を判断し、必要
な場合は権利者への連絡を代行してくれます。このため原則として、
すべての引用元を原稿中に併記してください。最終的な出版物での
扱い方は編集者が判断します。

　著作権侵害はとくに重大な問題になります。場合によっては出版
物の絶版、回収、損害賠償に発展するおそれもあるので、慎重に判
断してください。少しでも不安な場合は、出典を示したうえで編集
者に相談してください。出版社によっては、権利処理を扱う専門の
部署で調査・判断することがあります。

　WikipediaやWikimediaに掲載されているような著作権切れ、また
は著作権が放棄されたパブリックドメインの図版を使う場合でも、
URLを明記して編集者へ相談してください。著作権が失効している
ことを示すために、出典の表記が必要と判断されることがあります。

　なお、著者自身で許諾を得た場合は、著作権者の文書またはメー
ルによって掲載許可を受けたことを明示するよう、編集者から求め
られる場合もあります。

第3章　本文の執筆

3.4.13　脚注

　本文とは別に、ページ末尾などに付ける注釈を「脚注」と呼びます。
具体的には、次のような書式で書きます。

> ●脚注の例
> ペイントソフトの「MacPaint」(注) は、ごく初期のMacintoshに標
> 準添付されていました。
> 　(注) ベータ版では「MacSketch」という名称でした。

　脚注の数が多いときは、番号を振ったうえで、段落、ページ、章、本
文全体のいずれかの末尾にまとめて列挙します。巻末にまとめるときは
1冊全体を通した連番にする必要がありますが、たとえば各章の末尾に
まとめるのであれば章ごとの連番でもかまいません。ただし、推敲や校
正で本文の順番が入れ替わると、脚注の番号も入れ替える必要がありま
す。脚注の多さや各章の長さにもよりますが、これらの手間を考えると、
章ごとの連番を付けて章末にまとめるのがよいでしょう。

　ただし、そもそも脚注はできるかぎり使わず、本文の中で記述するこ
とをおすすめします。脚注は本文とは別の場所へジャンプする必要があ
るため読みづらくなりますし、電子書籍ではページの移動が印刷書籍よ
りも面倒だからです。

　具体的には、本文を一方向に読み進められるように、文末に丸括弧で
書き添えるか、本文として取り込むのがよいでしょう。それほど重要な
情報でなければ、思い切って削除することも考えてください。調べたこ
とのすべてを書く必要はありません。

> ●脚注の内容を本文中へ取り込んだ例
> 【本文の中で記述する例】ペイントソフトの「MacPaint」(ベータ

版では「MacSketch」という名称だった）は、ごく初期の Macintosh
に標準添付されていました。

【文末に記述する例】ペイントソフトの「MacPaint」は、ごく初期の
Macintosh に標準添付されていました（ベータ版では「MacSketch」
という名称でした）。

【文末に本文として記述する例】ペイントソフトの「MacPaint」は、
ごく初期の Macintosh に標準添付されていました。なお、ベータ版
では「MacSketch」という名称でした。

3.4.14　リード

　章や節の冒頭には、個別に要約を付けることがあります。これを「リー
ド」と呼びます。必須ではありませんが、長い本文を読む前に全体的な
イメージを伝えるのに役立つので、適宜付けてください。

　リードはあくまでも本文の要約であり、見出しよりも詳しく本文の全
体像を示すための部分的な前書きです。個別具体的な情報や、（図表のよ
うな）文章以外の要素は入れないでください。それらを必要とする場合
はもはやリードではないので、その内容は本文へ移したうえで、リード
は新しく考え直してください。

　一般的に、リードは段落1つで収めます。段落を改める必要があるほ
ど長くなったときは、リードとしては長過ぎます。入門書の場合は50～
150文字前後、上級者向けの企画の場合でも400文字前後がよいでしょう。

　リードを付ける階層は、内容や構成などに応じて決めます。多くの場
合は、「章のみ」または「章と節の両方」に付けます。

　ときおり、同じ階層であるのにリードがあったりなかったりするケー
スがあります。この階層にはリードを付けると決めたら、1冊を通して
忘れずに付けてください。

《商業出版の場合》

　単行本の場合は原稿の体裁に応じてレイアウトデザインを作成するので、著者が「章にはリードを付けます」と宣言すれば、そのように作ってもらえるでしょう。

　逆に、シリーズなどすでにレイアウトデザインが決まっている場合などは、編集者から「章にはリードを付けてください」「節のみリードを150字以内で付けてください」のように指定されることがあります。

　また、企画によっては、（著者ではなく）編集者が完成原稿を読んでリードを書く場合もあります。実際、詳しい解説を書くのは得意でも、自分の原稿の要約を書くのは苦手という著者は少なくないようですし、むしろ他人が書くほうが客観的なリードが書けるのでよいと編集部側で考えていることもあります。制作期間が短い企画の場合は、編集者が分担できる部分を少しでも増やして、著者には本文を書かせようというねらいもあるようです。

■リードに何を書くか

　要約と言われても何を書けばよいのかわからないときは、次のものを考えてみてください。

- ・この章を読むと何がわかるのか
- ・この章を読むと何に役立つのか
- ・この章を読むと何ができるようになるのか
- ・この章を読むと何が作れるのか

　これらはいわゆる要約とは違うものですが、実用書においては実用性がもっとも重要ですから、目的や目標となるものを示してもよいでしょう。

■どうしても書けない場合

　リードをうまく書けないときは、後まわしにしましょう。出版物になったときに先に配置されるからといって、原稿も先に書く必要はありません。

　リードを本文よりも先に書くためには、本文で記述する内容の全貌を、執筆する前に把握している必要があります。リードを書けないということは、その章や節の全貌をまだ把握していないということです。

　その章や節の下位にある見出しや、キーワードを箇条書きで書き出して、重要度で並べてみると、リードに入れるべき語句が見えてくることがあります。

　それでもうまく書けないときは、思い切って全体を一通り書き終えてから、推敲しながら書くのもよいでしょう。一通り書いた後であれば、その章や節が全体のなかでどのような位置づけであるかもわかるので、リードも書きやすくなるはずです。

《筆者の場合》

　あらかた構成を決めてから執筆を始めますが、調べながら書き進めることも多いので、一通り本文を書き終えないと内容が確定しないこともあります。そのため、リードは推敲時や脱稿直前にまとめて書くことがほとんどです。

3.4.15　前書きと後書き

　前書きや後書きは、必須ではありません。ただし、一般的には、読者へのあいさつと出版物の概要を説明するために、前書きを書くほうがよいでしょう。実際の書籍では、技術書では前書きのみ、読み物では前書きと後書きの両方が付くことが多いようです。

さらに技術書では、「2.1.2「誰が」——対象層を決める」で想定したことをもとに、対象とする層や、前提とする技術レベルについても前書きで明記しておきましょう。初心者向けと思ったら上級者向けの内容だったり、その逆だったりすると、読者はがっかりしてしまいます。ただし、前書きではなく、「本書の読み方」などのコーナーを設けて、そのなかで紹介する方法もあります。

　前書きや後書きの長さは、技術書の場合は600〜1000字前後で、レイアウトしたときに1〜2ページに収まる程度に短く済ませるのがよいでしょう。

　読み物の場合は、やはり1ページ程度に収める場合と、エピソードを1つ入れて数ページ程度の長さにする場合の両方があります。ただし、ある程度の長さになるのであれば、その内容は本文へ移すことも考えてください。前書きや後書きは、本来は本文から外れた場所です。

　なお、前書き、目次、断り書きなど、本文の前に付けるものをまとめて「前付け」（まえつけ）、後書き、索引、奥付など、本文の後に付けるものをまとめて「後付け」（あとつけ）と呼びます。

《商業出版の場合》

　前書きのすべてまたは一部が、書籍の紹介文としてネット書店などで使われることがあります。前書きの書き方に悩んだときは、既刊の紹介文を参考にしてもよいでしょう。

《筆者の場合》

　端的に内容を紹介するため、前書きには「本書は……です」の書式で言い切る文を必ず入れています。その位置も、立ち読みの人にも気づくように、できるだけ先頭にしています。

■署名

前書きや後書きの末尾には、適宜署名を付けることが一般的です。前書きと後書きの両方を書く場合は、前書きには付けず、後書きのみにつけることが多いようです。

署名の書式に決まったものはありませんが、刊行する年月や、書いている場所などを併記する方が多いようです。読者への手紙のようなイメージで書けばよいでしょう。

●署名の例

【例】2018年1月　向井領治

【例】2018年春　吉日　向井領治

【例】2018年春　猫が眠る書斎から　向井領治

年月を書く場合は、必ずしも脱稿した日付を使う必要はありません。脱稿から刊行までは相応の時間がかかるので、脱稿した日を書いてしまうと、刊行してすぐ入手した読者でも1か月程度古い日付を見ることになります。情報の新しさが重要になる技術書では悪い印象を与えかねないので、一般的には、刊行予定の年月を使うほうがよいでしょう。

もしも、未来の日付を書くことが問題になりかねないほど変遷の早いテーマであれば、あえて脱稿日を書いたり、「春」などと幅を持たせた言葉を使うとよいでしょう。

3.4.16　カコミ

本筋から外れた内容を記述するために、完結した記事として独立させることがあります。そのような記事は、範囲を線で囲むなどして本文ではないことをレイアウトデザインで示すことが多いため、「囲み記事」または単に「カコミ」と呼びます。

一般的には「コラム」と呼ばれますが、とくに技術書ではカコミを用途によって「コラム」「メモ」「注意！」などと題して分類することが多いので、まとめて扱うときに「カコミ」と呼びます。「コラム」と呼ぶと、カコミの1種類を指すのか、カコミすべてを指すのか、わからなくなるからです。

■カコミか、本文か

　カコミの文を書く前に、本当にカコミにする必要があるのか考えてください。ほとんどの場合、著者は自分で構成を決められるので、「なお」などの語で書き出して追加情報であることを示したうえで、本文の中へ組み込むこともできます。また、そのときに書いている部分では本文から外れているように思えても、ほかの章の項として扱える場合があります。

　ただし、本文の中へ入れるよりも、あえてカコミにしてその情報を目立たせたい場合や、本文が長々と続くときにカコミを設定して紙面にメリハリを付けたい場合もあります。企画によって判断してください。

■カコミの種類

　カコミを使うときは、用途に応じて分類する必要があるか、検討してください。多くの場合は1〜2種類ですが、企画によってはさらに分類することもあります。

　たとえば、「上級者向けの難易度の高い情報」と、「難易度は高くなく、必要とする人も少なそうだが、必要な人にとっては重要と思われる情報」の2種類を使い分けると、本文は「ほとんどの人にとって重要と思われる情報」に集中できます。

　ただし、カコミの種類を増やしすぎると、執筆中に混乱してくることがあります。しかし、著者が混乱するということは、きっと読者も混乱することでしょう。カコミの用途は明確に決めてください。明確にできない場合は、本文の中で追加情報として書くほうがよいでしょう。

《商業出版の場合》

　原稿とは別に、カコミの種類と特徴を記したメモを用意しましょう。カコミの中に本文以外の要素を配置するかどうかも、あらかじめ決めてください。紙面の基本デザインを作るときに必要になります。たとえば、次のようなものです。

・応用のヒント：上級者向け、タイトルは付けない、図は入れない
・やってみよう：特定用途の情報、タイトル付ける、図が入ることもある

■カコミの書き方

　カコミの原稿は本文と続けて、同じファイルへ書き、配置したい位置を明示します。カコミだけを別のファイルに分けて書く必要はありません。むしろ、本文と同じファイルに書くことで、カコミを置きたい位置を明らかにしましょう。

　カコミの内容については、カコミの名前（種類）、必要な場合は見出しも忘れずに付けてください。カコミの名前は括弧でくくるほうがよいでしょう。

●カコミの見出しを指定する例

　　［Column］UNIX と Linux　←カコミの名前を全角の［］で囲う

　カコミの末尾は必ず明示してください。明示しなければ、通常の本文と区別がつかなくなります。後の作業でミスの原因になりやすいので、著者自身がレイアウトする場合でも、付けておくことをおすすめします。

●カコミの本文の終了を示す例

　　【例】＜ここまでカコミ＞
　　【例】＜／カコミ＞

《筆者の場合》

　ほとんどの場合、カコミには2種類を設定します。分類法は企画によりますが、一般的に、①単純に文章の長さや図版の有無といった形式面で分類する場合と、②「特定用途の情報と、上級者向けの情報」といった内容面で分ける場合があります。

　また、私見を述べる必然性があったり、本筋からは外れるものの、実例をもってテーマの有用性や将来性を紹介したいときは、カコミに入れることが多くあります。技術書に私見は書きにくいと感じる方は、本文では正確さと論理性に徹しつつ、本文から外れたカコミで私見を書くとよいでしょう。

　筆者としては、特定の流儀や著者の個性を強調する企画を除き、技術書、なかでも初心者を対象にする入門書の本文では、そもそも個人的な意見を述べるべきではないと考えます。ただし、技術書は、教科書でも、メーカーが自前で制作するマニュアルでもありません。カコミは、読者にとっての息抜きのコーナーとして、また、実際のユーザーが活用している現場を紹介する場所としても利用できます。

3.5 IT系特有の事項

　キーボードやメニューの操作など、IT系特有の注意事項を紹介します。IT系だからといって特別なことはなく、「正確に、わかりやすく」という基本方針は同じです。

3.5.1 キーボード操作

　キーボード操作を示すには、いずれかの括弧を使って操作するキーを明確に示しましょう。カギ括弧「」でもかまいませんが、キー操作は明確に区別できますから別の括弧、たとえば大括弧［］を使うことをおすすめします。あわせて、「キー」と併記してください。次の例を見比べてください。

> ●キー操作の例
> 【例①：括弧を使わない】まずRを押し、ダイアログが開いたらEnterを押してください。 ←非推奨
> 【例②：「キー」と併記】まずRキーを押し、ダイアログが開いたらEnterキーを押してください。 ←必要最小限の書式
> 【例③：カギ括弧を使う】まず「R」キーを押し、ダイアログが開いたら「Enter」キーを押してください。 ←カギ括弧でキー名をくくり、「キー」と併記
> 【例④：大括弧を使う】まず［R］キーを押し、ダイアログが開いたら［Enter］キーを押してください。 ←大括弧でキー名をくくり、「キー」と併記

110 第3章 本文の執筆

例①の書式では、文脈からキーボードのキーを押すのだろうとわかりますが、不明確ですのでやめましょう。例②の書式でもかまいませんが、独立したキーであることが明確ではありません。例③または④の書き方をおすすめします。なお、「3.4.7 記号」で紹介したとおり、括弧は全角で書いてください。

複数のキーを同時に押す操作は、全角の「＋」または「−」を使って併記します。「キー」を繰り返すと煩雑になるので、最後に1度だけ記します。

●複数のキーを同時に押す操作の例

【プラス記号を使った例】タスクマネージャを開くには、［Ctrl］＋［Alt］＋［Delete］キーを押します。

【マイナス記号を使った例】タスクマネージャを開くには、［Ctrl］−［Alt］−［Delete］キーを押します。

初心者を対象にする場合は、このような表記に初めて接する可能性があるので、「複数のキーを同時に押す操作はこのように表記します」という趣旨のただし書きを入れると親切です。説明する場所は、本文へ入る前と、最初に出現する箇所の両方がおすすめです。

■Windowsと Macの違い

WindowsとMacでは、役割は似ていてもキーの名前が異なることがあるので、キーボードの表記を正しく記してください。また、必要に応じてただし書きを追加してください。

第3章　本文の執筆　111

● Windows と Mac で名前が異なるキー

Windows	Mac
Esc	esc
Ctrl	control
Alt	option
Shift	shift
Tab	tab
Delete	delete

　両方のOSを対象にする企画では、出現のたびに併記するのが理想的です。

●出現のたびに併記する例

　【例①】書類を印刷するには、Windowsでは［Ctrl］＋［P］キー、Macでは［command］＋［P］キーを押します。
　【例②】書類を印刷するには、［Ctrl］＋［P］キー（Macでは［command］＋［P］キー）を押します。

　例①の書式は理想的ですが、対象層によっては冗長になるため、ユーザー数が多いWindows式を優先し、Macでの操作を括弧内で併記する例②の書式が一般的です。Macユーザーを対象とする企画では逆になります。
　なお、上級者向けの企画の場合は、本文ではすべてWindows式またはMac式のどちらかで表記し、もう一方のOSのユーザーには適宜自分で読み替えるように断ることが一般的です。

3.5.2　メニューとコマンドの名前

　パソコン用のアプリケーションのメニューやコマンドの名称を表記す

るときは、画面の表示に従って正確に書き写してください。タブレットやスマートフォン用のアプリケーションや、Webサービスなども同様です。

　たとえば、「ペースト」と「貼り付け」、「共有」と「シェア」などは同じ意味で使われますが、各アプリケーションの表記に忠実に従ってください。機能が同じだからといって、思い込みで書いてはいけません。

　コマンド名の末尾に「...」があるときは、これも正確に半角ピリオド3個で記述してください。「...」は、このコマンドを選んだときに、続けて表示されるダイアログでオプションを指示する必要があることを示すものであり、「...」自体に意味があります。執筆ツールの設定によっては3点リーダー（…）に自動変換される場合がありますが、その機能はオフにしてください。

　プルダウンメニューからたどるときや、サブメニューがあるときは、それらを列挙します。書式は自分で決めてかまいませんが、読者の読みやすさを考慮してください。例として次のような書き方があります。

> **●パソコン用のプルダウンメニューの操作を示す例**
> 【例】「ファイル」→「書き出す」→「ファイル...」の順に選んでください。
> 【例】「ファイル」メニューから、「書き出す」→「ファイル...」を選んでください。

　メニューやコマンドの名称はカギ括弧「」でくくってください。引用の目的で使うカギ括弧ととくに区別したいときは、キーボード操作と同様に大括弧［］でくくることもあります。

> **●大括弧でプルダウンメニューの操作を示す例**
> ［ファイル］→［書き出す］→［ファイル...］の順に選んでください。

第3章　本文の執筆　113

■ボタンを指示する場合

　近年のインターフェースでは、機能を文字ではなくアイコンのボタンで示すことが多くあり、とくにiOSやAndroidのようなモバイル機器で目立ちます。このような場合でも、ヘルプや公式の機能紹介などで調べ、正しい名称を記述してください。

　ただし、どれだけ調べても正式な名前がわからない、またははっきりしないことがあります。このときは読者の便宜を第一に考えて「画面右上の歯車アイコンのボタン」のように具体的に書いてください。

　何度も記述する必要がある場合は、そのたびに長々と記述すると煩雑ですので、自分で名前を付けてもかまいません。その場合は、その書籍で最初に登場するときだけ次のように記述します。

　●自分で名前を決める例
　画面右上の歯車アイコンのボタン（以下、本書では「設定ボタン」と呼びます）をタップしてください。

「本書では……と呼びます」と記述すれば書籍内の定義ができるため、以降は単に「設定ボタン」と記述できます。

　機能の名前についても同様です。正式な名前がわかっているときは「……を行うことができます。これを「グループ化」と呼びます。」のように記述します。そうでないときは著者が自分で名前を付けてもかまいませんが、それが正式名称でないことを示すために、「……を行うことができます。本書ではこれを「グループ化」と呼ぶことにします。」のように記述します。

　現実にはこれほどの正確さが必要とは言い切れませんが、読者がヘルプやサポートなどの公式情報を調べるときに本来の情報へたどり着けなくなるおそれがあるため、著者独自の用語を使う場合は明記しましょう。

■ショートカットの紹介は後まわし

WindowsやMacのようなGUIのOSで操作を示すときは、プルダウンメニューからの操作手順を基本にしてください。Windowsでのマウスの右ボタンのクリックや、Macでの［control］キーを押しながらのクリックで開くメニュー（コンテクストメニュー）、キーボードショートカットは、補助的な機能ですので、この操作を基準にしないでください。

ただし、一部の機能はプルダウンメニューにはない場合があるので、それらについては「○○をマウスの右ボタンでクリックし、メニューが開いたら［○○］を選んで……」などと記述します。

■WindowsとMacの違い

WindowsとMacのインターフェース部品やプルダウンメニュー内の名称には似たものが多いものの、一部は表記が異なります。正確に書き写してください。

たとえば、Windowsでは「ウィンドウ」「ごみ箱」と表記しますが、Macでは「ウインドウ」「ゴミ箱」と表記します。

3.5.3　Webの紹介

出典や情報源を示すなどの目的でWebページを紹介する場合は、書籍や雑誌と同様に、ページのタイトルとURL、さらに必要に応じて運営元を記述します。適宜、先頭に記号を付けることをおすすめします。

> ●ページタイトル、運営元、URLを入れてWebの出典を示す例
> ▼ 「NextPublishing販売ストア」（インプレスR&D)
> https://nextpublishing.jp/store

サイトのトップページを示すだけであれば本文中へ組み込んでもかま

第3章　本文の執筆 | 115

いませんが、ディレクトリ名やページ名が付くなどURLが長いときは読みづらくなるので、本文とは別に示すほうがよいでしょう。

●本文中にURLを書き込む例（URLが短いとき）
電子出版の中でも、インプレスR&D（http://www.impressrd.jp）が開発したNextPublishingシリーズでは……

●出典のURLを示す例（URLが長いとき）
日本の平均的出版社が抱える電子出版への課題とその対策が、提言として公開されています。
▼「OnDeck提言2016 出版社の課題と対策」（OnDeck）
　http://on-deck.jp/archives/20154045

また、URLの記述がいくつも連続する場合も、本文とは別に示すほうがよいでしょう。

●複数のURLを列挙する例
現在NextPublishing特約店には、三省堂書店、有隣堂、紀伊國屋書店、八重洲ブックセンターの4つがあります。取扱店舗や販売方法は、書店によって異なります。
▼三省堂書店
　http://www.books-sanseido.co.jp/
▼有隣堂
　http://www.yurindo.co.jp/storeguide/
▼紀伊國屋書店
　http://www.kinokuniya.co.jp/
▼八重洲ブックセンター
　http://www.yaesu-book.co.jp/

第4章 本文の補助要素

◉

技術書では、画像や表、プログラムコードなど、本文を補助する
要素が多く使われます。具体的な作り方には触れられませんが、
原稿作成に必要な基礎知識を紹介します。

4.1　ファイルを分けるか検討する

　IT系の技術書では多くの場合、端末のスクリーンショット、概念図、表など、文章以外の補助を数多く使います。これらの要素を作成するときは、レイアウトツールと発表メディアの仕様を検討し、最適な形式で用意する必要があります。

　たとえば写真を掲載するときに、ブログ用などに縮小したサイズの画像を流用したとします。電子メディアのみでの発表であれば小さなサイズでも問題ない場合もありえますが、印刷メディアでは高い解像度が必要になるため、実際の出版物ではサイズが小さくなってしまったり、大きくても粗いものになってしまうおそれがあります。

　つまり、写真に写っている対象などの内容だけではなく、レイアウトする素材としての形態も重要です。

　まず、同人誌やセルフパブリッシング本のように、著者自身がレイアウトも行う場合は、出版物の仕様やレイアウトツールの事情を自分だけで判断できるので、本書では扱いません。

　検討が必要になるのは、合同誌や商業出版物のように、書き上げた原稿を編集者に預けてレイアウトしてもらう場合です。編集者は特定のレイアウトツールを使って相応のワークフローを組んでいるはずですので、その仕様に合わせて素材を用意する必要があるからです。

　本書では商業出版で一般的なやり方を紹介しますが、個別の企画については、思い込みで判断せず、事前に編集者と相談してください。

　補助要素はレイアウトツールやワークフローの違いを最も受けやすいものです。実際にレイアウトに使われるツールには、出版社、シリーズ、企画などによって異なり、ワープロソフトによる簡易的なものから、DTPアプリケーションによる手作業のレイアウト、オープンソースソフトウェ

アを駆使した自社開発ツールまで、さまざまなケースが考えられます。もしも仕様に合わないまま補助要素を作成してしまうと、最悪の場合はすべて作り直しになります。

4.1.1　作成に使うツール

　原稿の本文と補助要素の作成にはさまざまな方法がありますが、文書作成に最も多く使われているのはWordです。よって、出版物としてレイアウトすることを前提にした場合、補助要素の作成および管理の方法は、現実的には、次の2つのどちらかになるでしょう。

① 　Wordの内蔵機能を使う。写真はWord書類へ挿入する。概念図や表には、Word内蔵の図形ツールや表作成機能を使う。

② 　原稿とは別に、互換性の高い形式でファイルを作成する。配置する箇所は、原稿中で編集者向けのメモとして示す。

　同人誌などでWordファイルを直接使ったり、WordでレイアウトしてPDFで出力したものを使うときは、①の方法を選ぶことになるでしょう。複数のアプリケーションを使う必要がなく、関連するファイルも一括管理できます。ただし、設定によっては画質が変化したり、Wordの画面の通りに出力できない場合があるので、Wordでレイアウトするからといって、必ずしも①の方法がよいとはかぎりません。

　一方、商業出版の場合は、②が一般的です。原稿の本文をWordで書いていても、追加素材は原則としてWordドキュメントには組み込まず、別のファイルとして作成してください。商業出版であっても原稿をWordで書く場合は、図表や写真もWord書類へレイアウトしたくなると思いますが、原則としてやめておきましょう。なお、Word以外のツールで原稿を書く場合は、不可避的に②の方法をとることになります。

　本書では、商業出版にも対応が可能で、汎用性も高い②の方法を中心

に紹介していきます。①の方法をとるときは、Wordのヘルプなどを参照してください。

4.1.2 ファイルの渡し方

編集者へ渡す補助要素のファイルは、品質を保ちつつ、オリジナルのまま渡すことが原則です。

具体的には、適当なフォルダへまとめつつオリジナルからコピーし、まとめ終わったらフォルダごとZIP形式で圧縮して渡します。点数が多いときは章ごとにフォルダを分けます。

ファイルサイズが小さいときはメールへ添付してもかまいませんが、サイズが大きいときはDropboxなどのクラウドストレージのファイル共有機能や、宅ふぁいる便などのファイル転送サービスを使ってください。出版社側でファイルサーバーを用意してくれることもあります。

大量の画像を使う場合でも、アプリケーションに読み込んでまとめることはしないでください。ビジネス用途では、複数の画像をまとめて渡すときにExcelやPowerPointに読み込んで、XLSXやPPTXなどのファイル形式でやりとりすることがあります。しかし商業出版の用途ではそのような使い方はやめてください。1点ずつ取り出すために余分な手間が発生しますし、アプリケーションの設定や使い方などによっては画質が劣化することがあるからです。

4.1.3 ファイル指定と命名ルール

補助要素のファイルの名前は、重複していなければ十分ですが、誰が見ても区別できるように、確認も兼ねて単純な名前へ変更することをおすすめします。見ればわかるはずだとは考えないでください。

読み物のように点数がわずかであるときは「ビジネスモデル図解.png」

や「当社ブース2015.jpg」のように内容を示すものでもかまいません。ただし、「図解.png」と「図解1.png」のように、間違えやすい名前は使わないでください。

　理想的なのは連番です。とくに、ファイルの点数が多いときは、章番号を組み合わせたり、小テーマの名前と組み合わせてもよいでしょう。判別しやすければよいので、見出しの名前とそろえなくてもかまわないでしょう。

> ●ファイルの名前の例
>
> 【例】05.jpg　←連番にする
>
> 【例】2-05.jpg　←章番号と連番を組み合わせる
>
> 【例】2-3-05.jpg　←章番号、節番号、連番を組み合わせる
>
> 【例】2-システム構成03.jpg　←章番号、小テーマ、連番を組み合わせる

　原稿では、補助を置きたい場所へファイル名を書き込みます。記号を付けたり、括弧でくくるなどすると、さらにわかりやすくなります。

> ●画像ファイルを原稿中で指示する例
>
> ……イベントは大変な盛り上がりを見せました。　←本文
>
> 　＜写真：2-当社ブース2015.jpg＞　←ここに配置する画像をファイル名で指示
>
> 　このイベントでは……　←本文

「写真」と書くのが面倒であれば、単純にファイル名だけを書いたり、半角英数文字だけで表記してもよいでしょう。少なくとも、拡張子が付いていれば補助要素のファイルと判別できます。

第4章　本文の補助要素　121

●さまざまなファイル指定の例

【例】2-event2015.jpg　←拡張子によって通常の本文ではないとわかる

【例】(image: 2-event2015.jpg)

　ファイル名だけではどうしてもイメージがわかない、原稿が書けないという場合は、執筆中はファイル名と合わせて画像を実際に配置しておき、脱稿時に画像を削除するか、あるいは、標準テキストへ変換してから提出するなどの方法が考えられます。

　実際に使用する画像の点数は企画やテーマによって異なりますが、筆者が執筆したある単行本を調べたところ600点以上になりました。編集者にはこれだけの数の画像を指示通りに割り付けてもらうのですから、少しでも負担を減らすように著者も努めたいものです。

4.2 電子書籍特有の注意

「1.4 電子書籍の基礎知識」で紹介したとおり、電子書籍では、サイズと色数は読者の端末に依存するので、補助を作成するときも、この事情に配慮する必要があります。

4.2.1 サイズに配慮する

閲覧に使われる端末のサイズにはさまざまなものが想定されますが、すべての端末で快適に見える図を描くことは不可能です。とはいえ、画面サイズが小さな端末を前提にしてしまうと十分な説明ができないので、ある程度のサイズは使いたいところです。

結論として、IT系の実用書としては、スマートフォンで2画面をスクロールする程度、7〜8インチ程度のタブレット端末でおおよそ見られる程度を想定して作図すると理想的でしょう。さらに、1つの画像ファイルに収める情報量をできるだけ減らして、小さな端末でもできるだけ読みやすくなるように配慮してください。

4.2.2 色数に配慮する

解説には、グレースケール画面でもわかるように、十分なコントラストを保つ色を選んでください。とくに、要素を重ねて配置するときに注意してください。

閲覧に使われる端末は、フルカラーのディスプレイが主流ですが、グレースケールのものも少なくありません。電子書籍ではカラーとグレースケールのどちらでも制作コストは同じであるため、グレースケール表

第4章 本文の補助要素 | 123

示の端末のことを忘れがちですが、すべての読者が色の違いを見られることを前提にしてはいけません。

たとえば、カラーの印刷書籍であれば「レッドの線はケーブルの接続、ブルーの線はデータの流れ」のように色を使った解説ができますが、グレースケール表示の端末ではこのような違いはわかりません。よって、実線、破線、二重線を使うなどして、色を使わない方法で説明する必要があります。

また、複数の要素を重ねて配置するときは、両者のコントラストに注意してください。たとえば、レッドで塗りつぶした図形にオレンジ色の文字を重ねたり、ホワイトでも文字が細かったりすると、文字が読みづらくなります。

●色を重ねて使った例

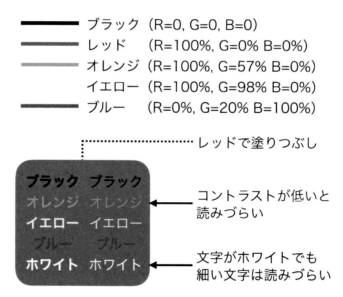

試したいところですが、パソコンの画面をグレースケール表示にして簡易的に試してもよいでしょう。

Windowsでの手順は次の通りです。
① スタートメニューを開き、［設定］を選びます。
② 「簡単操作」アイコンをクリックします。
③ 画面左側の「色とハイコントラスト」カテゴリをクリックします。
④ 「カラーフィルターを適用する」オプションをオンに設定します。
⑤ 「フィルターの選択」から「グレースケール」を選びます。

Macでの手順は次の通りです。
① Appleメニューから［システム環境設定...］を選びます。
② 「アクセシビリティ」アイコンをクリックします。
③ 画面左側の「ディスプレイ」カテゴリをクリックします。
④ 「グレイスケール」オプションをオンに設定します。

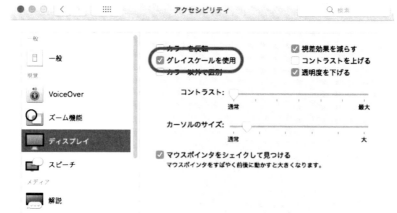

4.3 キャプション

　必要に応じて、写真、図表、コードなどに説明文を付けてください。このような説明文のことを「キャプション」と呼びます。必須ではありませんが、できるかぎり付けるほうがよいでしょう。

　キャプションを付ける場合は、すべての補助要素に付けるほうが望ましいものの、内容によっては一部だけでもかまいません。その場合は、「構文のみにキャプションを付ける。実例には付けない」など、基準を決めてください。

　キャプションの段落の先頭には、本文と区別するため、何らかの統一記号を付けてください。たとえば本書では「●」を使っています。

> **●キャプションの例**
> ●ホスト名を調べるコマンド　←コードのキャプション
> $ hostname

　キャプションの長さは、文章1つが理想的です。長くても100文字程度がよいでしょう。改行が必要になるほど長いときは、情報が多すぎます。内容の一部を本文へ移してください。

　キャプションを置く位置は、図表やコードの前をおすすめします。実際のレイアウトデザインでは後に付けることもありますが、リフロー型の電子書籍を考えると、説明を先にするほうがよいでしょう。リフロー型では、キャプションと図を確実に同じ画面へ収めることができないため、キャプションによる説明がない状態で写真や図を表示することになる場合があるからです。

4.3.1 図を指示する場合

　本文中で画像を指示する場合に、直前または直後を意味する「前の図」「次の図」以外の指示をするときは、キャプションとして画像に連番または名前を付け、本文ではそれらを使ってください。

　たとえば、図には「●図5」または「●図：パソコン普及率の推移」という名前を付けておき、本文では「図5によると……」または「図「パソコン普及率の推移」によれば……」のように指示します。ただし、連番を使う場合は、原稿の順番を組み替えると番号を振り直す必要があるので、推敲または校正作業のできるだけ後のほうでまとめて差し替えたり、執筆ツールで自動的に番号を振らせるなどの工夫をするとよいでしょう。

　なお、「次のページの図」や「30ページの図」のようなページに基づいた指示はできません。「1.4 電子書籍の基礎知識」で紹介したとおり、リフロー型の電子書籍ではページの概念がないためです。また、「上の図」「下の図」のような位置関係を使った指示も同様です。原稿では上にあっても、レイアウトしたときや、リフロー型の電子書籍では、必ずしも上にあるとはかぎりません。「前の図」「次の図」のように順序に基づいて指示してください。

4.4　スクリーンショット

　端末の画面を撮影した画像を使うと、操作の状況が視覚的に分かるので、煩雑にならない範囲で積極的に使ってください。端末の表示を撮影した画像を「スクリーンショット」または「スクリーンキャプチャ」、あるいは単に「キャプチャ」と呼びます。

　スクリーンショットを保存するときは、原則として16ビットのBMP形式や、24ビットのPNG形式など、フルカラーで非圧縮の形式を使ってください。JPEG形式や8ビットのPNG形式では、編集のたびに画質が劣化したり、輪郭が荒れるおそれがあります。

　なお、図に強調の線を引いたり、文字を書き込むときは、あわせて「4.6 概念図」も参照してください。

4.4.1　カスタマイズはしない

　スクリーンショットを撮影するときは、インターフェースデザインをカスタマイズしないで、多くの読者にとって最もなじみがある初期設定の状態で撮影してください。説明に使う画像と読者の画面が大きく異なっていると、混乱してしまうおそれがあります。もちろん、読者が大胆なカスタマイズをしている可能性もありますが、その場合は読者自身がどのように変更したか知っているはずですので、気にする必要はありません。

　また、その箇所でのトピックに読者が集中できるように、余計な情報が映り込まないように注意してください。たとえばWebブラウザの画面を使うのであれば、著者が普段利用するブックマークなどが映り込まないように隠しておきましょう。

　ただし、デスクトップの背景は、必要に応じて変更することも考えて

ください。OS自体をテーマとする場合は、初期設定の背景画像も重要な要素になるため、変更しないほうがよいでしょう。特定のアプリケーションなどをテーマとする場合は、デスクトップの背景に設定されている写真や画像は余計なものですので、無地の白やグレーへ変更することをおすすめします。いずれにしても、読者にとっての見やすさを考えてください。

なお、画面に現れないものであれば、カスタマイズしてもかまいません。

4.4.2　著者自身の環境との両立

スクリーンショットを多用する場合は、動作確認の役目も兼ねて、著者自身の環境とは別に、何らかの方法で撮影用に新しい環境を用意してください。場合によっては費用がかかりますが、原稿を書くために初期状態の設定へ1つずつ手作業で戻すのは面倒ですし、そもそも手作業で行った場合は、それが本当に初期設定かどうか確認できないからです。

撮影には、新品または初期化した端末を1台用意するのが最善の方法ですが、費用を抑える工夫も考えてみましょう。

若干の費用を負担できる場合は、WindowsやMacで動作する仮想コンピュータのアプリケーションを使える場合があります。具体的な製品には「VirtualBox」「VMware Workstation」「Parallels Desktop」などがあります。いずれも、仮想コンピュータには実際のライセンスが必要です。また、Mac以外のパソコンでは仮想コンピュータを使ってもmacOSをインストールできません。

費用を掛けられない場合は、撮影用のユーザーアカウントを新しく作成するのがおすすめです。ただし、普段使いの環境と切り替える必要があるため、操作しながら原稿を書くのは現実的ではありません。対策としては、①撮影用のアカウントでラフ原稿を書いて、普段使いのアカウントへ送信してから仕上げる、②撮影用のアカウントでメモ代わりのス

クリーンショットを撮影し、それを見ながら普段使いのアカウントで原稿を書く、などの方法が考えられます。

　一方、iPhoneやiPadで採用されているiOSはマルチユーザーシステムではないので、アカウントを追加する方法が使えません。①バックアップを作成し、初期化して撮影し、作業が終わったら復元する、②使い古した旧機種を初期化して撮影用にする、③iPod touchで代用する、などの方法が考えられます。

　Android OSの場合は、バージョンによってはマルチユーザーシステムですが、端末の性能によっては実用的でないことがあるので、iOSと同様の工夫をするほうがよいでしょう。

　どうしても手持ちの機材で間に合わないときは、中古品を購入して初期化し、動作確認と撮影を終え、校了したらすぐ売却するなどの方法も考える必要があるでしょう。

《筆者の場合》

　動作確認とスクリーンショットの撮影には、Mac用の仮想PCアプリケーションParallels社製の「Parallels Desktop」を使っています。メリットとして以下の点があげられます。①原稿を書いている普段使いのMacの中で、初期設定のMacやWindowsを仮想的に複数台作成して稼働できます。②ユーザーアカウントを切り替える必要がないため、動作の検証と原稿の執筆をシームレスに行えます。③撮影した画像ファイルを普段使いのMacですぐに扱えるため、ほかの端末からファイルを移動する必要がありません。

　興味がある方は拙著『Parallels Desktop 12 for Mac スタートアップガイド』（ラトルズ）をご覧ください。

4.4.3　Windowsで撮影する

　Windows、macOS、iOS、Android OSは、すべてスクリーンショット撮影機能を内蔵しています。以下に、各OSでの撮影手順を簡単に紹介します。詳しい使い方はヘルプなどを参照してください。なお、サードパーティーから撮影用のユーティリティが発売されていることもあります。

　Windowsには、スクリーンショット撮影専用アプリケーション「Snipping Tool」が付属しています。起動すると、次の図のようなウインドウが開きます。

●「Snipping Tool」のウインドウ

　「新規作成」ボタンをクリックすると撮影できます。撮影対象を指定するには、撮影する前に「モード」メニューの三角マークをクリックしてメニューを開いて選びます。ウインドウを1つずつ撮影したり、マウスでドラッグした任意の範囲を撮影することもできます。

　タイミングがズレるなどして思いどおりに撮影できないときは、指定した秒数だけ遅れて撮影できる「遅延」機能を使ってください。

4.4.4　macOSで撮影する

　macOSの場合、初期設定のままOS内蔵の機能を使ってスクリーンショットを撮影すると、ウインドウの影（ドロップシャドウ）が付いてしまいます。見栄えはきれいですが、実は影の範囲がかなり広いため、そのままレイアウトすると紙面の相当の部分がムダになります。

そこで、スクリーンショットの撮影時にドロップシャドウを撮影しないようにあらかじめ設定しましょう。これには、「ターミナル」を開き、次の2つのコマンドを続けて実行します。スペースやハイフンも正確に入力してください。

```
$ defaults write com.apple.screencapture disable-shadow
-boolean true
$ killall SystemUIServer
```

なお、元のようにドロップシャドウをつけるには、次の2つのコマンドを続けて実行します。

```
$ defaults delete com.apple.screencapture disable-shadow
$ killall SystemUIServer
```

スクリーンショットを撮影するには、以下のキーボードショートカットを使います。

- ・画面全体を撮影する：[command] ＋ [shift] ＋ [3] キー
- ・範囲を矩形で選んで撮影する：[command] ＋ [shift] ＋ [4] キーを押し、撮影したい範囲をドラッグして囲む
- ・ウインドウを選んで撮影する：[command] ＋ [shift] ＋ [4] キーを押し、[space] キーを押し、目的のウインドウをクリックする

ほかにも、OS付属のアプリケーション「プレビュー」を使う方法もあります。「プレビュー」を起動したら、[ファイル] → [スクリーンショットを取る] 以下から希望のコマンドを選びます。

4.4.5　iOSで撮影する

ホームボタンと、オン／オフボタンの両方を同時に押すと、スクリー

第4章　本文の補助要素 | 133

ンショットの画像が「写真」ライブラリに保存されます。撮影済みの画像を表示するには「写真」アプリを開きます。

　また、Macとケーブルで接続したうえで、macOS付属のムービープレーヤー「QuickTime Player」を使って撮影することもできます。手順は下記のURLを参照してください。

▼「QuickTime Player を使う方法」（Apple）
　　https://support.apple.com/ja-jp/HT201066

4.4.6　Android OSで撮影する

　電源ボタンと、音量を下げるボタンの両方を数秒間押し続けると、スクリーンショットを撮影できます。

　撮影済みの画像を表示する手順は次の通りです。

　　1.「フォト」アプリを開きます。
　　2. 画面左上にある、メニューのアイコンをタップします。
　　3.［端末のフォルダ］→［Screenshots］の順に選びます。

4.4.7　その他の端末で撮影する

　前記した4つのOS以外の端末でも、ほとんどの場合はスクリーンショットを撮影する機能を内蔵しています。各OSや端末のマニュアルを調べてください。

　撮影機能がない場合は、サードパーティー製のアプリケーションやハードウェアを探します。それもない場合は、端末の画面を別のカメラで撮影します。画面の汚れをよく拭き取り、光の映り込みに注意してください。また、後でまとめて処理することを考え、三脚を使うなどしてカメラや端末の位置を固定するなど、同じ条件で撮影できるように配慮してください。

4.5 写真

　写真を使うときは、解像度とサイズに注意してください。また、必要
に応じて、切り抜き、傾きの修正、コントラストの修正などを行ってく
ださい。

　印刷メディアで写真を使うときは、200〜300ppi程度の解像度と、十分
なサイズ（ピクセル数）が必要です。ブログ用などに縮小したり、ファ
イル形式を変更したものは使わないでください。

　さらに、必要に応じて、フォトレタッチアプリケーションを使って修
正や切り抜きを行ってください。OSに付属するものは基本的な機能に限
られていますが、コントラストを自動修正するだけでも十分改善できる
ことが多いので、試してみてください。とくに、暗すぎる写真には効果
があります。

　撮影対象によっては、三脚、反射板、補助照明、小物撮影用のドーム、
レリーズ（リモコン）などの撮影道具も使ってください。

　デジタル化されていない紙焼きの写真を使いたいときは、スキャナを
使って画像ファイルへ変換してください。

4.6 概念図

　概念図を使いたいときは、何らかのアプリケーションを使って著者自身で作図し、汎用性の高い形式の画像へ書き出して使うことが一般的です。

　編集者から認められた場合を除き、Word内蔵の図形機能は使わないほうがよいでしょう。図形部分を抜き出して画像化する手間がかかるからです。どうしてもWordを使いたいときは、原稿とは別のファイルに分けてください。

　作図に使用するアプリケーションは自由です。心得があればIllustratorのようなイラスト作成アプリケーションが最善ですが、PowerPointやKeynoteのようなプレゼンテーション作成アプリケーションもおすすめです。これらのアプリケーションではPDFへ書き出すことができますが、念のため、編集者には元のファイルもあわせて渡すとよいでしょう。

　イラスト作成アプリケーションを使うときは、1つの図に対してファイルを1つ作成してください。また、プレゼンテーション作成アプリケーションを使うときは、1つの図に対してスライドを1枚作成してください。レイアウトするときは図を1点ずつ割り当てていくため、1つのファイルまたはスライドに複数の図を入れてしまうと、あとで画像ファイルを分割する手間が発生してしまいます。スペースが余っても、複数の図を1つのスライドへ入れないでください。

●1つの図に対してスライドを1枚使う

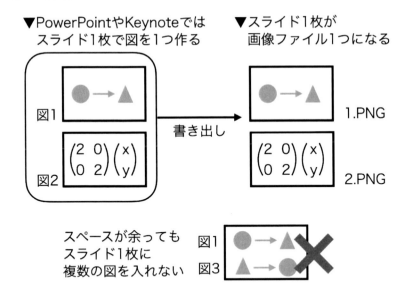

　図の中に文字を書き込むときは、レイアウトしたときに十分読めるサイズになるよう、小さ過ぎるサイズは避けてください。

　編集者との受け渡しに使うファイル形式は、PDF形式がおすすめです。汎用性が高く、フォントを埋め込むことができて、拡大縮小しても文字や線の輪郭が荒れないからです。PDFを利用できない場合は、十分に大きなサイズのPNG形式がよいでしょう。

　いずれにしても、あらかじめ、本番と同じ方法で作ったものを編集者へ渡し、同じ形式で作成してよいか確認することをおすすめします。すべての作図を終えてから問題が発覚すると、すべての図を作り直すことになるおそれがあります。

　電子メディアでは、端末によっては図そのものが見づらいことがあります。図と同じ内容の繰り返しになってもかまわないので、できるだけ

本文だけでも趣旨が伝わるように配慮してください。

　なお、さまざまな理由により著者自身で作成できないときは、ラフスケッチを書いて編集者へ渡し、作成してもらう場合もあります。

4.7 画像への書き込み

スクリーンショットや写真に対して、説明のために文章、矢印、枠線などを書き込みたいときがあります。具体的には、次のようなものです。

●スクリーンショットへの書き込みの例

このような書き込みをするには、2つの方法があります。具体的にどちらの方法を選ぶかは、企画によります。
 ① 矢印や枠線を書き込んだ画像を自分で作成する。
 ② 元画像とは別に、矢印や枠線をどのように書き込むかを編集者へ指示するラフスケッチを作成する。それを受け取った編集者が作成する。

4.7.1 著者が作成する場合

自分でレイアウトまで行う場合や、編集者から完成画像を作成するように指示された場合は、①の「自分で作成する」方法を取ります。作成手順は概念図と同じです。

この方法では著者自身が納得のできる完成画像を作成できますが、作成アプリケーションを用意し、レイアウトしたときにすべての図の見え方が同じになるように共通ルールを自分で決める必要があります。たとえば、使用するフォントの種類とサイズ、線の太さなども自分でルールを決めます。もしも、文字が小さすぎたり、線が細すぎたりすると、作り直しが必要になります。また、必要に応じてテストを行い、仕上がりをよく確かめてください。

　Wordでレイアウトして、DOCXまたはPDFへ書き出したファイルをそのまま使う場合は、Word内蔵の図形ツールを使ってもかまいません。

　Word以外のアプリケーションを使う場合は、次の2つの方法があります。

> ①　作図用のアプリケーションで、書き込む線や語句を含めて完成した図を作成する。完成したものを画像として書き出し、レイアウト用のアプリケーションでレイアウトする。
>
> ②　作図用のアプリケーションでは書き込みをせず、レイアウト用のアプリケーションで書き込みをする。

　前記の①の方法では、何か問題があった場合に、作図用のアプリケーションまで戻って作業をする必要があります。②の方法では、書き込む語句や、語句に使うフォントやサイズの変更があっても、レイアウト用のアプリケーションだけで修正作業が完結します。使用するツールやワークフローに合わせて検討してください。

　前記の①のように、書き込んだ画像を自分で作成する場合、使用するツールは、最終的にレイアウトツールで扱えるファイル形式へ出力できるものを選んでください。具体的には、PowerPointや、Keynoteがよいでしょう。ファイルを作る基本的なやり方は、「4.6 概念図」で紹介したものと同じです。

4.7.2　編集者が作成する場合

　編集者が付いて図を作成してくれる場合は、ラフスケッチを作り、それ
を編集者へ渡します。見てわかればよいので、ラフスケッチを作るツー
ルは何でもかまいません。手書きしたものをスキャンしたり、iPadのイ
ラスト作成アプリケーションなどを使ってもかまいませんが、書き込む
対象の画像や写真を読み込んで、実際の画像を配置できるもののほうが
便利です。

　ラフスケッチを作る場合は、実際に図中へ書き込む語句と、編集者宛
のメモを、簡単に区別できるようにしてください。たとえば、編集用の
メモであれば先頭に「#」などの記号を付けるなどするとよいでしょう。

　なお、商業出版物の場合でも、必ず編集者が作成してくれるとはかぎ
りません。ラフと思って渡したらそのまま使われてしまったというケー
スもあります。あらかじめ相談してください。

4.8 表

　表を使うときは、出版物の仕様やレイアウトに使うツールによって機能が制限されることがあるので、どの程度まで複雑な表が使えるのか、あらかじめ確かめておきましょう。

　Wordで原稿を執筆する場合は、Word内蔵の表作成機能を使い、原稿の本文中に配置するのがよいでしょう。

　プレーンテキストで原稿を執筆または提出する場合は、一般に、タブ区切りテキストを使うのがよいでしょう。タブ区切りテキストは、InDesignのような商業出版向けのツールだけでなく、WordやExcelでも、表へ変換できます。多くの場合は、表の内容は原稿の本文と続けて書いてかまいません。

●タブ区切りテキストは表へ変換できる（Wordの例）

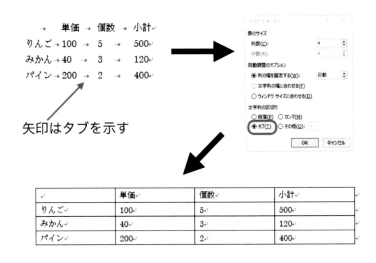

　表の作成にExcelを使いたい場合は、概念図と同様に、原稿とは別のファイルとして作成し、原稿では表を配置したい位置にファイル名を記します。また、1つの表に対して1つのシートを使い、区別しやすい名前を付けてください。原稿では、シートの名前を書いておきます。
　なお、電子書籍でも表を扱えますが、一般に、セルの連結や塗りつぶしなどの機能は利用できません。どうしてもそれらの機能が必要であれば、別途Excelなどで表を作成し、そのスクリーンショットを撮影して、画像として配置する必要があります。

4.9　プログラムコード

　プログラムのソースコードやCUI表示のターミナルから入力するコマンドを解説するときは、さまざまな事情に配慮しつつ、統一ルールを検討する必要があります。

4.9.1　正確に書く

　プログラムコードや、CUIの端末から入力するコマンドを解説する場合は、オプションや空白なども正確に記述するよう、とくに注意してください。たった1文字の間違いでも、読者がその通りに入力して実行できなくなるおそれがあります。しかも、推敲や校正の段階でも気づかないおそれが高いので、最初の原稿で正確に書くように努めてください。

　コードやコマンド入力部分の記述ミスを防ぐには、実際に動作を確認したコードや、仮想ターミナルの実行結果をコピー&ペーストしてください。手作業で書き写したり、記憶や思い込みで原稿を書かないでください。

　たとえば、原稿を書いている普段使いのパソコンとは別にテスト用のパソコンを用意している場合は、(テスト用パソコンに直接つないだキーボードを使わずに) 普段使いのパソコンとネットワーク接続し、仮想ターミナルからログインすれば、実行したコマンドを正確にコピーできます。

●あえて仮想ターミナルからコピーすることで移し間違いを防ぐ

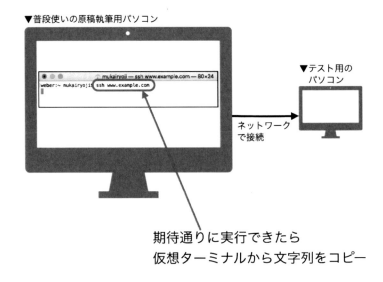

　また、仮想コンピュータのアプリケーションには、アプリケーションを動かしているシステム（ホストOS）と、アプリケーション内で動いているシステム（ゲストOS）の間で、クリップボードを共有できるものがあります。このような執筆環境を作れば、テスト用マシンを別に用意する必要もありません。

　なお、本来であればカコミと同様に、コードの開始行と終了行を原稿中に明記する必要がありますが、常識的にコードとしてわかるものであれば、とくにただし書きを入れなくてもよいでしょう。ただし、編集者が誤解しそうであれば、適宜「＜ここまでコード＞」や「</code>」のように範囲を示すメモを入れてください。

4.9.2　インデント量を統一する

　インデント（字下げ）する場合は、行頭に半角スペースを入れます。コードは通常半角ですので、行頭のスペースも半角で統一してください。

　コードをインデントする目的では、タブは使わないでください。印刷メディアのレイアウトツールではタブはインデントを設定するために使いますが、電子メディアではタブは無視されます。元のコードでタブを使っている場合は、推敲時にタブを半角スペースへ変換するなどしてください。

　行頭に入れる半角スペースの数は、インデントの段によって統一してください。1行のコードが比較的短いときは1段を半角スペース4個、長いときは2個をおすすめします。1行のコードが長くなるとページの端で収まらないおそれが高くなるからです。

●インデントの例

```
<div>　←行頭に半角スペースなし
    <p>SAMPLE</p>　←行頭に半角スペース4個（コードが長いときは1段目に2個を推奨）
    <div>
        <p>SAMPLE</p>　←行頭に半角スペース8個（コードが長いときは2段目に4個を推奨）
    </div>
</div>
```

4.9.3　行ごとに解説する

　コードの行ごとに解説を追加するときは、次のどちらかの書式で記述

してください。

- ・行の末尾に「全角スペース1～2個、矢印、解説」
- ・行の末尾に「全角スペース1～2個、矢印、番号」。コードの後に番号を示しながら本文で解説

●行の末尾に解説を加える例

```
$ hostname ←ホスト名を表示
```

●行の末尾に番号を付け、コードの後に解説をする例

```
$ which bash [Enter]    ←①
/bin/bash  ←②
$ ls -l /bin/bash [Enter]    ←③
-rwxr-xr-x  1  root  root  1011011  4月 24 09:11
/bin/bash  ←④
```

① whichコマンドでbashコマンドのパスを調べます。
② ①の結果が表示されました。
③ lsコマンドの引数に②を指定して、コマンドファイルの詳細を調べます。
④ bashコマンドのパーミッションなどが表示されました。

解説文やコードが短いときは前者、長いときは後者がよいでしょう。使い分けが面倒なときは、後者で統一してもかまいません。

なお、解説文をコードへ書き込む場合に、解説文が長くなっても、コードの行と解説文の行は分けないほうがよいでしょう。解説文はコードに対するものであって、解説文自身はコードを構成する1行ではないからです。見栄えが悪くなることもありますが、そもそも電子書籍では1行の長さが可変ですので、残念ながらこだわっても意味がありません。か

第4章　本文の補助要素 147

つては、紙面の幅で折り返されるのを防ぐために、とくにカラーの印刷
書籍で多用された方法ですが、シンプルなレイアウトが求められる電子
書籍の時代では避けるほうがよいでしょう。

●長い解説をコードに書き込む例（避けるほうがよい）
```
$ ls -l /bin/bash [Enter]    ←コマンドを実行します
-rwxr-xr-x  1  root  root  1011011  4月 24 09:11
/bin/bash
↑bashコマンドのパーミッションなどが表示されました
```

また、［Enter］キーや［return］キーのように実行を指示するキーボー
ド動作については、「3.5.1 キーボード操作」で紹介したように、括弧で
くくってください。厳密に言えば「which」などのコマンドもキーボー
ドから入力するので括弧にくくるべきですが、煩雑になるため、［Enter］
キーと［return］キーのみを目立たせるのが一般的です。これには、ユー
ザーが入力する行を目立たせるという役割もあります。

4.9.4　桁数を合わせたい場合

コードによっては、桁数を合わせることが重要になる場合があります
が、メディアによって検討する必要があります。

印刷メディアではフォントやタブを工夫して、桁数を合わせてレイア
ウトできます。編集者が付く場合は、レイアウトデザインを設計する段
階で相談してください。

一方、電子メディアではフォントを指定または固定するのは難しく、
タブを使って位置を合わせることもできません。本文中に記したコード
の桁数を合わせることは、現実的ではありません。どうしても桁数を合
わせた表示が必要な場合は、コードとは別に、仮想ターミナルのキャプ

チャなどを使って画像として用意してください。

●コードと、桁数が合っていることを示すための画像を併用する例

```
$ ls -l /Users/
total 0
drwxr-xr-x+ 11 201        _guest    352  8  4  2015
Guest
drwxrwxrwx  21 root       wheel     672 11 21 18:20
Shared
drwxr-xr-x@ 61 mukairyoji  staff    1952  2 15 13:09
mukairyoji
```

```
● ● ●              ⌂ mukairyoji — -bash — 80×24
weber:~ mukairyoji$ ls -l /Users/
total 0
drwxr-xr-x+ 11 201        _guest    352  8  4  2015 Guest
drwxrwxrwx  21 root       wheel     672 11 21 18:20 Shared
drwxr-xr-x@ 61 mukairyoji  staff    1952  2 15 13:09 mukairyoji
weber:~ mukairyoji$
```

4.10　数式

　数式の作り方にはいろいろな方法がありますが、レイアウトツールとの兼ね合いで決めてください。編集者が付く場合は、編集者とよく相談してください。

　Wordでレイアウトして、DOCXまたはPDFへ書き出したファイルをそのまま使う場合は、Word内蔵の数式ツールを使うのがよいでしょう。ただし、一般に、リフロー型の電子書籍ではそのまま使えないので、いったん画像として書き出し、画像として挿入する必要があります。この点は概念図などと同じです。

　Word以外のアプリケーションで執筆する場合や、レイアウトにWord以外のアプリケーションを使う場合は、数式ではなく画像としてレイアウトする必要があるので、1つの数式から1枚の画像を書き出せる方法を使ってください。ファイルの作り方は、「4.6 概念図」で紹介したものと同じです。

　なお、とくに理数系の書籍に強い出版社では、TeXやMathematicaなどが使える場合もあります。

第5章　推敲と校正

原稿を一通り書き上げたら推敲をして、1つでも多くの悪文を解消しましょう。脱稿したら著者としての次の工程は校正になりますが、本来、校正は確認作業であり、原稿を完成させる推敲とは違う点に注意してください。

5.1 粗原稿から完成原稿へ

　一通り書き上げただけの状態の原稿は、「下書き」または「粗原稿」（そげんこう）と呼びます。粗原稿がよりよい原稿になるように、追加の事実確認だけでなく、加筆、訂正、削除、表現の改善、順序の組み替えなどの文章の見直し作業を、必要に応じて何度でも行ってください。この作業を「推敲」（すいこう）と呼びます。

　推敲を繰り返し、もうこのまま出版されて自分の名前で世の中に出回ってもよいと自負できる状態にまで仕上げたものが「完成原稿」です。単にすべての内容を書き上げただけの原稿は、完成ではありません。

　推敲という言葉は、古代中国のある詩人が「僧推月下門」（僧は推す月下の門）と書いたものの、「推」（おす）を「敲」（たたく）に変えたほうがよいか悩み抜いた故事にちなんでいます。つまり、「推」も「敲」も大して変わらないと見過ごしてしまうのではなく、表現の1つもこのように考え抜くべきという教訓です。

　現実的には、自分の納得の度合いよりも時間の制限が先に訪れることのほうが多く、完全無欠の状態まで極められることはほとんどありません。しかし、事情が許すかぎり推敲を繰り返してください。繰り返しますが、推敲をしていない原稿は単なる下書きです。

　実際、自分ではどれほど完璧に仕上げたつもりでも、何かしらの問題は残ります。編集者に原稿を渡して、1つも問題がないと言われることはまずありません。推敲を怠ればなおさらのことです。

5.1.1　校正は推敲とどう違うのか

　推敲が終わって原稿を完成させると、著者が行う次の作業は「校正（の

確認)」です。ここでは、工程がはっきりと区別される商業出版の場合を前提に、校正の作業を先回りして紹介します。推敲と校正の違いに注目してください。著者自身が作業する同人誌やセルフパブリッシング本の場合でも、それぞれの工程の目標を明確にできるので、読み飛ばさずに参考にしてください。

本書では「1.3 出版物として完成するまでの流れ」で紹介したように、粗原稿を見直して完成原稿として仕上げる作業を「推敲」、完成原稿を出版物として仕上げる作業を「校正」と呼んでいます。つまり、「原稿を完成させる前に1人で行う」か、「完成させた後に(場合によっては編集者とともに)行うか」という点で区別しています。この区別は、レイアウトなどの制作工程の効率や、刊行までの日程管理を考えるときに重要だからです。

《商業出版の場合》

現実のワークフローがさまざまであることから、推敲と校正の定義はあいまいで、人によって異なることもあります。初めて接する出版社や編集者とやり取りするときは、違う意味で使われている可能性もあるので注意してください。もしも本書と違う意味で使っている著者や編集者がいても、間違いではありません。

たとえば「推敲」は、著者と編集者を区別せず、原稿を修正する作業のすべてを指すこともあります。

また「入稿」は、「編集者が印刷所へ原稿を渡すこと」と、「著者から編集者へ原稿を渡すこと」のどちらを指す場合もあります。

ほかにも、形式的な修正や確認を「校正」、それに加えて、内容にまで踏み込んだ修正や確認を「校閲」(こうえつ)と呼んで区別することもあります。大規模な総合出版社などでは、編集を行う「編集部」のほかに、校閲のみを行う「校閲部」という部署が存在することもありますが、一般的には編集者が校正と校閲の両方に相当する

第5章　推敲と校正　153

作業を行います。ただし、どの程度まで行うかは、企画によります。

　著者から完成原稿を受け取った編集者は、内容や文章表現などをチェックし、必要に応じて修正を行い、疑問点があれば著者へ質問・確認すべき点をメモします。これらの作業を「原稿の整理」と呼びます。

　続いて、発表メディアに応じたレイアウトを行います。企画や内容に応じて基本デザインを考え、デザイナーを選定して依頼し、整理が終わった原稿を、内容に応じて割り付けていきます。実際には別のスタッフと分担することが多くありますが、それらのやり取りはすべて編集者が行うため、著者が意識する必要はありません。

　原稿の整理とレイアウトが一通り終わると、作業に区切りを付けて、確認用に印刷します。これを「ゲラ刷り」または「校正刷り」、あるいは単に「ゲラ」や「校正」と呼びます。「校正」はさまざまな意味で使われるため、本書では「ゲラ」と呼びます。

　著者はゲラを受け取って、編集者による編集作業の結果を確認します。著者への質問や確認がある場合はゲラに書き込まれているので、それを見ながら必要に応じて修正を行います。この作業を「著者校正」と呼びます。

　また、新しく修正する必要がある箇所を著者自身が見つけた場合も、この作業のなかで行います。編集者も人間ですから、ミスや見落としをすることが当然あります。たとえば、見出しの段落が見出しの書式になっていなかったり、図版が入れ違っていたり、原稿の誤字が修正されていないまま残ることがあります。

　ただし、レイアウト作業はすでに始まっているので、推敲のように自分で直すことはできません。そこで、「この箇所を、このように修正してほしい」という指示をゲラに逐一書き込みます（具体的なやり方は「5.4 著者校正の方法」で紹介します）。

　ゲラの確認を終えたら編集者へ送り返します。著者から送り返すこと

を「戻す」といいます。編集者から「ゲラ（または校正）を戻してください」と言われたら、それは「確認用に出力したものを送ったので、それを確認して、必要に応じて修正指示を書き込んで、送り返してください」という意味です。

著者から戻されたゲラを受け取った編集者は、その内容を確認し、修正指示を反映していきます。それが終わると再びテスト印刷し、内容を更新した新しいゲラを作成して、これを著者へ送ります。

新しいゲラを受け取った著者は、前回の著者校正で指示した修正が期待通りに反映されているか確認します。もしも、これまでの作業で見つけられなかった新しい問題点が見つかったときは、ここで新しい修正指示を書き込みます。現実には、複数人で何度チェックしても、見直すたびに何かしら新しい問題点が見つかるものです。

ゲラのやり取りは、通常は2〜3回行います。最初の校正を「初校」（しょこう）、2度目の校正を「2校」（にこう）、3度目の校正を「3校」（さんこう）と呼びます。一般に3校は「（新しい問題点を探すのではなく）修正が完了したことを、念のために確かめる」という意味で、「念校」（ねんこう）とも呼ばれます。

すべての校正を終えることを「校了」（こうりょう）と呼びます。たとえば、2校で修正点がなくなり、ゲラのやり取りが2回で済んだときは、「2校で校了した」と言います。1度修正して終わりということですから、理想的な進行状況です。完成原稿の質が高かったことの証明ともいえます。

逆に、何らかの事情でさらにやり取りが必要になると、「4校」「5校」……と数を増やしていきます。何度修正しても隠れていた問題が発覚するわけですから、よいことではありません。

5.1.2　なぜ推敲が重要なのか

ここまで、推敲と校正の作業内容を具体的に紹介してきました。その

第5章　推敲と校正 | 155

上で本書では、著者は推敲に十分な時間を取り、かつ、繰り返し行うことを強くすすめます。その最大の理由は、手間と時間の節約です。

たしかに、校正段階へ進んだ後でも修正は可能です。DTPや電子出版の時代になり、修正作業は過去に比べるとずっと簡単になりました。しかし、自分で自分の原稿を修正する「推敲」と比べると、編集者に指示して自分の原稿を直してもらう「校正」は、他人とのやり取りが必要になるぶんだけ、手間が増えます。しかも実際には、著者の修正指示が的確でなかったり、編集者が修正の意図を取り違えたりするなどの理由で、必ずしも期待通りに修正されないことがあります。よって、期待通りに修正されたことを、次の回の校正で確認する必要があります。

作業の回数だけを考えても、著者の手間は2倍になり、編集者には本来不必要だった手間が発生します。加えて、著者は編集者に対して誤解がないように的確な修正指示をする必要があり、編集者も的確に指示を読み取り、かつ的確に反映する必要があるので、そのぶんだけお互いに消耗します。著者の推敲の怠慢が、後の工程で何倍もの負担になってしまうのです。

よって著者としては、推敲を行うことによって、最初から完成度の高い原稿を提出することを目指してください。誤字脱字もなく、事実誤認もなく、解説の流れも文章の表現も完璧だと思えるまで推敲を重ねてください。それでも必ず修正点は出てくるものです。著者自身がどれほど完璧だと思っても自分では気づかないことが多く、校正がまったく必要ない原稿はまずありえません。

しかし、初めから推敲をしなかった原稿と、推敲を繰り返した原稿とは、比べものになりません。とくに、初めて本格的な原稿を書く方は、よく心得てください。

ところが実際には、少なくない著者が、十分に推敲していない状態で完成としてしまっているようです。たしかに、商業出版物の場合でも、あまり推敲をせずに編集者へ提出し、初校で長い時間をかけて大幅に修

正する方はいます。ジャンルによっては編集者とのやり取りのなかで原稿を改善していくやり方もあるので、一概に校正作業の短縮を狙うべきではないでしょう。

しかしIT系の技術書や読み物にかぎれば、そのような悠長なことをやっていられる時間はありません。他社から競合書が刊行されたり、バージョンアップして仕様が変わってしまったり、会社ごと買収されたりすることは少なくありません。それが校了直前に起こる可能性さえあります。

作家が登場するドラマやアニメなどでは、原稿の最後に「終わり」と書いて、「できた！」と完成を喜んですぐに提出したり、遊びに行ってしまいますが、それはあくまでもフィクションです。粗原稿の段階で編集者へ提出してはいけません。時間があるかぎり推敲を何度でも繰り返してください。

このことは、自分で編集作業を行う場合でも同じです。たしかに他人とのやり取りはないので、印刷所や電子書店へデータを送る直前までどんな修正も可能ですが、やり直す作業が増えれば、ミスをするおそれも大きくなります。また、人間はどうしても目の前の作業に集中してしまうので、後でまとめて直せばいいと考えて作業を先送りしてしまうと、つまらない誤字が残ったまま発表してしまうおそれも大きくなります。推敲と校正の境目はあやふやになりがちですが、1段階ずつ詰めて行く商業出版の方法を、ぜひ参考にしてください。

5.1.3　校正で避けるべきこと

すでに述べてきたように、校正は本来、原稿がすでに「完成」していることを前提として、それをさらによいものへ仕上げると同時に、発表形態に合わせていくための作業です。よって、相応の必然性がないかぎり大幅な修正を行うべきではありません。具体的には、以下のことを心がけてください。

- 新しいアイデアがわいたり、よりよい事例が見つかったからといって、大幅な修正や加筆はしないでください。
- 大意に影響しないのであれば、トピックを加筆しないでください。
- 「しかし」を「ところが」に修正するような、大意の変わらないわずかな言い回しを変更しないでください。

どうしてもそのような作業が必要になった場合は、最初に提出した原稿が未完成だった、つまり推敲が不十分だったことになります。

編集者は、さまざまな理由により原稿を修正することがあります。内容にかかわるような点は著者へ確認しますが、誤字脱字の修正や用字用語の統一など、内容にかかわらない場合は断らずに実施することが一般的です。つまり、もしも校正時に大幅な加筆修正を行うと、それらもまたやりなおしになります。

著者校正であまりに多くの修正が必要になった場合は、編集者は初校を破棄し、再度「完成原稿」の提出を求めることもあります。このときは原稿の整理やレイアウトもやり直しになるため、刊行を延期する場合があります。完成原稿と呼べるレベルのものを提出できないときは、刊行自体が取りやめになる場合もあります。

現実には、どうしても大きな修正が必要になることもあるので、校正時の修正が絶対にできないことはありません。むしろ、校正段階に進んでも、著者から修正指示があれば、編集者はできるかぎり反映しようとすることでしょう。しかし、そのぶんだけほかの作業が行えなくなる点には、著者としても注意すべきです。

また、いったんできあがったものに対して部分的な修正を行うと、その前後と食い違いが出てくることがよくあります。その場の思いつきで修正したばかりに、かえっておかしな結果になってしまうこともあります。「よくよく確認したら、名称や事実経緯を間違えていた」などという基本的なミスをしないよう、念入りに推敲を行い、できるかぎり初めから

完成度の高い原稿を仕上げることを目指してください。

5.1.4 「著者が偉い」は思い違い

　自分の名前で刊行される出版物の完成度を上げたいと思うのであれば、時間の許すかぎり何度でも推敲をしてください。

　ときおり、著者の間違いを修正するのが編集者の仕事だと思い込んでいるのか、誤字脱字も確認せずに原稿を提出する人を見ることがあります。しかし、低いレベルで提出されてきた原稿と、推敲が繰り返されて高いレベルで提出されてきた原稿では、編集者の仕事の出発点も異なります。編集やレイアウトにかけられる時間にもかぎりがありますから、出版物としての完成度にも差が出ます。

　有名作家のエッセイなどで、「編集者には自分の原稿の読点（、）の1つさえも勝手には修正させない。もしもそうされたら原稿を引き上げる」というようなエピソードを見かけることがあります。もちろん技術書でも、基本的には著者の原稿を尊重しますし、修正のために文意が変わってしまうおそれがあれば著者に確認を求めます。

　しかし技術書では、国語辞典や通例に照らし合わせて送りがなが間違っている場合や、読点や改行の位置があまりに読みづらい場合など、大意に影響しない形式的な問題点は、著者に断らずに編集者が黙って修正するのが一般的です。

　筆者は文芸書に関わったことがないので小説での事情はわかりませんが、編集者による一方的な修正を拒否できるような作家は、もともとそれだけ自信を持ったレベルにまで原稿を仕上げたという自負があるからこそ、そのように言えるのではないでしょうか。そうでなければ、そもそも読点が書き換えられたことにさえ著者は気づかないはずです。十分な推敲をせずに原稿を提出したあげく、修正を拒否するような作家は、筆者には想像ができません。

5.2　推敲の方法

　推敲は、物理的にも意識的にも執筆作業から離れるために、さまざまな環境を変えて行うことを強くおすすめします。日程に余裕があれば、日や場所を変えて行うのが理想的です。

5.2.1　印刷する

　推敲にあたって重要なことは、すぐに書き直しができず、執筆に使っていないメディアを使うことによって、読むことに集中できる環境を使うことです。さらに、修正内容を速やかに書き留める必要もあります。それらを手っ取り早く実現するには、印刷することです。

　少なくとも、ワープロやエディタなど、原稿を執筆しているツールの画面では、推敲をしないでください。言い方を変えれば、原稿を執筆しているツールでの修正は、推敲とは呼べません。すぐに書き直しができて、長時間の執筆に使ってきた環境では、読むことに集中できないからです。画面で文章を読んでそのまま直したほうが早いと思うかもしれませんが、いったんディスプレイから離れ、その場で修正できない状態になると、意識が変わり、たちまち多くの間違いや不自然な記述が見つかることが多くあります。

　印刷用紙には、長文が読みやすいA5サイズをおすすめします。A4サイズでは1行の文字数が長くなり、文章に集中しづらくなるからです。A5サイズの印刷用紙も販売されていますが、一般に販売されているA4サイズの用紙を半分に切れば十分です。自分で推敲するだけですから裁断が多少ズレても問題はありません。プリンタの機種によっては、A4サイズの用紙に2ページ分を縮小レイアウトして印刷できる場合もあります。

修正が必要な箇所を見つけたら、文字は雑でもかまわないので、修正内容を具体的に書き留めてください。自分の原稿であっても、マーカーを引くなどの目印を付けるだけでは、いざ原稿へ戻って修正しようとしたときに、何のために目印を付けたのか思い出せないことがあります。

　全体を確認したら、執筆ツールで原稿を開き、推敲したプリントアウトを見ながら修正点を反映していきます。これを納得できるまで繰り返してください。

《筆者の場合》

　推敲するには、執筆ツールからPDFへ出力したものをiPadで開き、注釈ツールを使って修正を書き込んでいきます。確認を終えたら、そのPDFをMacで開き、原稿を修正します。出力サイズには、iPadの画面で読みやすいA5を指定します。

　iPadでの表示と注釈の書き込みには、Readdle社製の「PDF Expert」を使っています。おもな理由は3つあります。①PDFの注釈ツールが最も使いやすかったこと、②ファイル共有機能の1つである「Web-DAV」という方式に対応すること、③特定のフォルダに置いたファイルを自動的に同期できることです。WebDAVサーバーには「推敲校正専用」という名前のフォルダを作り、同期対象として設定することで、MacとiPadの間のファイルのやり取りを自動化しています。

　WebDAVによるファイル共有には、自宅LAN内で運用しているサーバーを使っています。制作日程が詰まってくると大きなサイズのファイルを頻繁に交換することになるため、Dropboxなどのクラウドストレージではファイルのコピーに時間がかかるからです。WebDAVを採用した理由としては、OSに依存せず、自宅外からでもアクセスしやすいことなどがあげられます。同様の機能は市販のNASでも実現できるでしょう。

　なお、PDFとiPadの組み合わせは、パソコンの前から離れ、読む

第5章　推敲と校正　161

ことに集中できるという点では、印刷と同じです。実際、とくにiPad Pro や Apple Pencil の登場以後、この組み合わせで推敲や校正をする方が増えているようです。ただし、初めてまとまった量の原稿を書く場合は、印刷して推敲することを強くおすすめします。執筆ツールの環境から離れるだけで、どれほど多くのミスや改善点が見つかるか体験してください。

5.2.2　他人に読んでもらう

　可能であれば、家族や、親しい知人や同僚など、他人に原稿を読んでもらってください。自分では気づかなかった誤りや、不正確または意味不明な記述、不自然な文脈などを見つけてもらえることがあります。テーマが初心者向けである場合はとくに、そのような人に読んでもらうほうが理想的です。

　内容が専門的であってもかまいません。依頼するのは気が引けるかもしれませんが、その分野の知識がない人のほうがかえって内容に惑わされず、基本的な日本語の文章表現をチェックしてもらえることがあります。

　どうしても依頼できる人がいなければ編集者に頼むこともできるでしょう。ただし、推敲は本来は著者の仕事ですし、同時に扱っているほかの企画との兼ね合いもあるので、現実的には難しいかもしれません。そのような場合は、重要な章だけ依頼し、それをヒントにして他の章を自分で推敲するという方法もあるでしょう。

5.3 悪文の例

　内容に間違いはなく、論理にも誤りがないものの、表現がよくないために理解しづらい文章を「悪文」と呼びます。著者は内容を理解しているので悪文に気づきにくいものですが、これも推敲で書き直しましょう。すでに述べたこともありますが、以下に具体的な例をあげるので、チェックリストとして役立ててください。

5.3.1　執筆に疲れてくる

　原稿の最初から最後まで、一定の読みやすさ、わかりやすさを保つように配慮してください。最初の執筆からそのように書くことができれば理想的ですが、現実的ではありません。しかし、推敲で修正すれば問題はありません。

　単行本ともなれば1冊の文字数は膨大になります。フォーマットデザインや、図版が占める割合などにもよりますが、最も一般的なB5変形版256ページの技術書の場合で15万字以上になります。本書は約10万字以上あります。

　しかし、それだけの文字数を最初から一気に正確にわかりやすく書き通すことは困難です。実際には、長文を書くことに疲れて、途中から文章がだんだん粗雑になってくることがあります。筆者の編集経験からすると、長文をある程度書き慣れているはずの職業の人でさえ、3万字程度から次のような傾向が出てくるケースが少なくありません。

　　・文章が投げやりになる。話し言葉のようになる。

　　・誤字脱字が増える。

　　・意味不明な文が混じる。

・説明が雑になる。専門用語や俗語で済ませてしまう。

・1つの文を書くたびに段落を変える。

粗原稿ではある程度乱暴になっても仕方ありませんが、推敲で徹底的に見直してください。

5.3.2　表記が統一されていない

1冊の中で、表記方法は統一してください。すでに紹介した「英数字は半角」「記号類は全角」もその1つです。

表記の統一に不安があれば、たとえば「特に／とくに」「例えば／たとえば」などの両方で検索して、どのように記述しているか確かめてください。

このような語句を修正するときは、特殊な語句でないかぎり、一括置換はできるかぎり避けてください。偶然同じ文字が混じった無関係の文章を修正してしまうことがあります。面倒でも、1箇所ずつ確認しながら置換することをおすすめします。

5.3.3　文や段落が短すぎる／長すぎる

文や段落は適切な長さで区切ってください。長すぎるのも、短すぎるのもよくありません。1つの段落で1つのトピックを完結させるのが理想的です。

長すぎると、1度読んだだけでは理解できなくなってしまいます。内容にもよりますが、文は50〜100文字程度、段落は200〜400文字程度がよいでしょう。

逆に、区切ればよいわけでもありません。段落の区切りとは、情報としての区切りです。複数の文を1つの段落にまとめるということは、そ

れらの文が情報として連続性を持ったグループであることを示します。ときおり、文を1つ書くたびに段落を変える書き方をみることがありますが、それは単に情報を列挙しているだけであり、連続性も文脈も失われています。

5.3.4　接続詞を使わない

接続詞や接続の語句を積極的に使って、論理展開を明確にしましょう。語句の後に続く文の方向性をあらかじめ読者に示すことができます。

- **よって、このため、そのため、したがって、ゆえに**：前の文を根拠とすることを次に述べる
- **なぜならば**：前の文の理由を次に述べる
- **しかし、ところが、とはいえ、その反面**：前の文と反対のことを次に述べる（「しかしながら」は「しかし」と同じ意味だが、冗長になるので避ける）
- **一方、他方、その半面**：前の文と同じ対象を扱いつつ、別の見方を次に述べる
- **ただし**：前の文の内容を次の文で部分的に打ち消す（「もっとも」は「一番」の意味でも使うので避ける）
- **なお、ちなみに**：あまり重要でない、付加的な情報を次に追加する
- **たとえば、例として**：前の文の内容の具体例を次に述べる

文芸書では情感を出すために接続詞を省略するほうが推奨される傾向にありますし、人によっては接続詞を多用するとつたない印象を受けるかもしれません。しかし技術書では、読みやすさや、理解の助けになるよう、むしろ積極的に使うことをおすすめします。

また、接続詞ではありませんが、「具体的な事例をあげると」「とくに

重要なことは」「結論としては」「まとめると」などの論理展開を表す語句を段落の先頭に使うと、理解しやすくなります。

なお、近年は「なので」「ですが」という語を文頭に置いて接続詞のように使うことが増えていますが、あえてこのような語を選ぶ理由がなければ、一般的な語を使ってください。「正しい日本語」の論争になりやすい使い方ですが、正しいかどうかという以前に、(話し言葉としてはともかく)書き言葉としては大変つたない印象になります。

5.3.5　重要なことを途中で書く

各項のなかで最も重要なことや要旨は、最初または最後に書くことを強くすすめます。項目の途中で書いてしまうと、長い本文の中に埋もれてしまい、印象に残りません。これは、章節項、段落、文のいずれでも同じです。

技術書の場合は、最初に要点を述べて、その後に具体的な手順や仕組みを示す構成が理想的です。読者は未知の情報の全体像を把握してから、具体的な情報や手順へ進むことができるからです。

一方、読み物の場合は、論理展開や時間を段階的に追って話題を進めることが多いので、結論やまとめを最後に置くほうが向いています。

ただし、上記のことは一般論ですので、内容によっては、技術書でも最後にまとめをしたり、読み物でも最初に要点を述べて論理展開をさかのぼるほうがよいこともあります。内容に応じて、効果的な順序や構成を考えてください。

いずれにしても、特別な理由がないかぎり、重要なことを途中で書くのはおすすめできません。小説ではテーマをストーリーの途中で書くこともありますが、これは最後まで読むことが前提だからです。とくに技術書では、興味のある部分だけを拾い読みすることはめずらしくありません。ある章の書き出しで興味が持てない、自分には必要と思えないと

感じたら、読者は次の章へ飛んでしまうかもしれません。

5.3.6　1つの文に複数のトピックを入れる

　1つの文に入れるトピックは、できるかぎり1つにしてください。1つ
の文に複数のトピックを盛り込むと、トピックの区切りがわからなくな
り、意味をつかみにくくなります。複数のトピックを盛り込む場合は、1
度読むだけで文意がつかめるように、段階を踏んで読み進められるよう
に語句の順序を工夫してください。

　例として、次の文章を検討してみましょう。

> **●1つの文に複数の話題を入れた例（悪い例）**
> これは前項の説明を実現するための心がけですが、一通りの機能
> を踏まえたうえで実行することと、聞きかじっただけで実行する
> ことは、まったく別のものであることを知っておかなければ、プ
> ロジェクト全体を崩壊させることもあるのがプログラミングの世
> 界です。

前の文の内容を分解すると次のようになります。

- これから書くことは、前項の説明を実現するための心がけの話題
  です。
- 「一通りの機能を踏まえたうえで実行すること」と「聞きかじった
  だけで実行すること」は、まったく別のことです。
- そのことを知っておかなければ、プロジェクト全体を崩壊させる
  こともあります。
- そのことはとくにプログラミングの世界では重要です。

これらを踏まえると、次のように書き換えられます。

第5章　推敲と校正　167

●前の文を複数の文に分割し、語句の順序を入れ替えた例

前項の説明を実現するために、心がけていただきたいことがあります。それは、「一通りの機能を踏まえたうえで実行すること」と、「聞きかじっただけで実行すること」は、まったく別のものであるということです。プログラミングの世界では、このことを知っておかなければ、プロジェクト全体を崩壊させることもありうるのです。

カギ括弧を使って語句をグループ化し、「AとBは別のもの」という構文を見えやすくしています。また、最後の文は「プログラミングの世界では……」の語句を前へ移動して、話題の対象とする範囲を先に限定しています。

また、1つの文に複数の論理展開を押し込めると、まったく意味のわからない文章になることがあります。

●1つの文に複数の話題を入れた例（悪い例）

その設計では誤ってエラーメッセージを表示しないことは認められないシステムであり、まれに誤ったエラーメッセージを表示することは許容しておかないと誤ってエラーメッセージを表示しないことが発生して被害を拡大する事例がいつかは確実に発生するでしょう。

この例では、どこまでが意味の区切りであり、どの語句がどこ語句へ係っていくのかがわかりません。前の文の内容を分解すると次のようになります。

・その設計では、エラーメッセージを誤って表示しないことは認められません。

・まれに誤ったエラーメッセージを表示することは、許容しておく

必要があります。

・そうしなければ、誤ってエラーメッセージを表示しない事態がいつかは確実に発生するでしょう。

・もしもそうなると、そのことが原因で、被害を拡大するような事例がいつかは確実に発生するでしょう。

これらを踏まえると、次のように書き換えられます。

> **●トピックごとに文を区切った例**
> そのシステムでは、エラーメッセージを誤って表示することは認められていません。その原因は設計にあります。しかし、エラーメッセージをまれに誤って表示することも許容しておく必要があります。そうしなければ、実際にはエラーが発生しても、誤動作によってメッセージを表示しない事態がいつかは確実に発生するでしょう。結果として、設計が原因となって、かえって被害を拡大するような事態になりかねません。

この文章の結論は「設計が原因となって、被害を拡大する事態が起きかねない」という主張ですから、その文を独立させることで結論を強調しています。「いつかは確実に」という語句は、結論の文に入れるよりも、「（実際には必要であるにもかかわらず）エラーメッセージを表示しない事態」に付けるほうが適切です。

5.3.7　修飾の関係がわからない

語句を修飾する関係は明確にしてください。長い文章に複数の話題を入れたときに起こりがちな問題ですが、短い文章でもありえます。1つの文に2つ以上の内容を盛り込まないようにしたり、読点（、）を使って

第5章　推敲と校正　169

語句のグループを明確にするなどしてください。

> **●語句の修飾の関係が明確でない例（悪い例）**
> 1985年にMS-DOS向けの表計算ソフト「Multiplan」を発売してい
> たマイクロソフトはMacintosh用に「Excel」を発売しました。

　この文ではMultiplanとExcelという2つのソフトの発売について説明
していますが、「1985年」はどちらの発売時期について説明しているのかわ
かりません。その原因は語句の修飾関係、つまり、「1985年に→Multiplan
を発売した」あるいは「1985年に→Excelを発売した」のどちらである
かが明確でないからです。
　内容を考えると、前の文章は次の3つにグループ化されていると考え
られます。

・1985年に
・MS-DOS向けの表計算ソフト「Multiplan」を発売していたマイクロ
　ソフト
・Macintosh用に「Excel」を発売

まず、読点を使って、語句のグループを的確に表現してみましょう。

> **●読点を使って語句のグループを明確にした**
> 1985年に、MS-DOS向けの表計算ソフト「Multiplan」を発売して
> いたマイクロソフトは、Macintosh用に「Excel」を発売しました。

　これで、元の文章の主語、目的語、述語はそれぞれ「マイクロソフト
は」「Excelを」「発売しました」であることが明確になりました。しか
し、「1985年に」の語句は、「Multiplanを発売していたマイクロソフト」
と、「Excelを発売しました」の、どちらの語句を修飾するのかは、まだ

わかりません。

　つまり、読点を使って語句をグループ化しただけでは、修飾の関係は明確にはなりません。一般的には、すべての語句は文の主要部分、つまり「マイクロソフトは」「Excelを」「発売しました」を修飾すると考えられますが、「1985年」がMultiplanの発売時期と読み取っても間違いとは言い切れません。

　もしも、Multiplanを発売したのが1985年であれば、次のように記述すれば情報のグループを明確にできます。読点の位置によって意味が変わる点に注意してください。

●読点の位置で意味が変わる
1985年にMS-DOS向けの表計算ソフト「Multiplan」を発売していたマイクロソフトは、Macintosh用に「Excel」を発売しました。

　しかし実は、1985年はExcelを発売した年です。よって、もしも前のように書いてしまうと、著者が調べた情報は間違っていなくても、読点1つの位置がよくなかったばかりに、読者に対して正確な情報を伝えられない結果になります。

　表現を的確にする対策の1つは、1つのトピックを1つの文で完結させることです。

●修飾関係を明確にするために文を分けた例
マイクロソフトは、MS-DOS向けに表計算ソフト「Multiplan」を発売していました。1985年には、Macintosh用にも「Excel」を発売しました。

　もう1つ考えられる対策は、長い修飾語句を先に、あるいは修飾対象の語句から遠いところに置くことです。逆に、短い修飾語句は修飾対象

第5章　推敲と校正　171

の語句から近いところに置きます。

> ### ●修飾関係を明確にするために語順を入れ替えた例
> MS-DOS向けの表計算ソフト「Multiplan」を発売していたマイクロソフトは、1985年に、Macintosh用に「Excel」を発売しました。

このように順序を入れ替えるだけで、「(Multiplanを発売していた→)マイクロソフトは→Excelを発売しました」「1985年に→Excelを発売しました」という修飾関係がわかるようになります。

ただし、修飾語句の長さだけでは明確にならない場合もあります。たとえば「実用的な実用書の書き方」という文は、「書き方」に対して「実用的な」「実用書の」という2つの修飾が付いています。しかし、「実用的な→実用書」と「実用的な→書き方」のどちらであるのかは不明確です。「実用的でない実用書」という含意があると読むこともできます。

この場合は、内容から語順を考える必要があります。「実用書の実用的な書き方」と入れ替えると、「実用書の」という語句が「実用的な」を修飾していると考えるのは不自然ですので、そのように考えるおそれは少なくなります。

このような問題は、見出しのように短い文で起こりがちです。一般的な文章であれば「この本は、実用書の書き方を実用的に説明しています。」という書き方ができますが、語数を減らし、名詞や体言で言い切る形が多い見出しでは、語順で意味が取り違えられることもあるので注意してください。

なお、修飾の関係のわかりにくさは、著者本人は気づかないことが多くあります。著者は正しい情報を知っているため、推敲でも見落としてしまうおそれが大きいからです。商業出版の場合は編集者が指摘してくれることも期待できますが、1人だけで制作する場合はとくに注意してください。

172 第5章 推敲と校正

5.3.8 括弧で長い文章を挟む

　ただし書きを加えるなどの目的で、丸括弧で囲んだ文章を本文中に挟むことがあります。このとき、括弧内の文章が長くなると肝心の本文が途切れてしまうため、1度読んだだけでは意味を取りづらくなります。

> **●文中に長いただし書きを丸括弧で挿入した例（悪い例）**
> Evernoteは、1か月間に一定量までのデータ（無料のベーシックプランでは60MB、有料のプラスプランでは1GB、最上位のプレミアムプランでは10GB）をアップロードできます。

　ただし書きが長くなるときは、別の文として分けましょう。

> **●文中のただし書きの挿入をやめ、2つの文に分けた例**
> Evernoteは、1か月間に一定量までのデータをアップロードできます。無料のベーシックプランでは60MB、有料のプラスプランでは1GB、最上位のプレミアムプランでは10GBです。

　そもそも、ただし書きを丸括弧で挿入する文章は避けてください。いったん丸括弧以外の文章を読んで、次に丸括弧の中の文章を読み返すことになり、読み進む流れをさえぎることになりがちだからです。できるかぎり、一方向に読み進めて、1度で文意がわかるようにしてください。

　丸括弧を使うのがふさわしいのは、内容が短く、一方向へ読み進めることが可能で、本来の文脈を妨げず、誤解を避けるために本筋を補強できる場合です。

> **●丸括弧内の文章が本文を妨げない例**
> 【例】（タブではなく）スペースを使って区切ってください。

第5章　推敲と校正 ┃ 173

【例】関数を使って合計を求められます（関数については第5章で解説します）。

5.3.9　本文中に箇条書きを挟む

文中に箇条書きを含めるときは、1つの文の中で挟むのではなく、できるかぎり、その前でいったん趣旨を言い切りましょう。

箇条書きにする目的は、多くの情報を列挙するときに読みやすく整えることです。技術書では読者にとって未知の話題を扱うことが多いため、箇条書きの前で趣旨を先に説明しておくほうが親切です。

ほとんどの場合、箇条書きは肯定する趣旨で使われますが、否定するときに使うこともあります。また、書き方によっては、文の全体を読み終えるまで、箇条書きの内容が何であるのかわかりません。

●1つの文の中に箇条書きを挟む例（悪い例）
たとえば、
・ワード
・エクセル
・パワーポイント
などが、マイクロソフトのオフィス用アプリケーションとして有名です。

この例のように、文章の要旨になる部分が箇条書きの後に来てしまうと、読者としては、著者が何を説明したいのかわからないまま長い箇条書きを読み進める必要があります。

しかし、箇条書きの前でいったん言い切ってから箇条書きを示すと、個別の情報へ移る前に趣旨を理解できます。

●箇条書きの前でいったん言い切る例（1）

たとえば、マイクロソフトのオフィス用アプリケーションとして
は、以下の製品が有名です。

- ・ワード
- ・エクセル
- ・パワーポイント

●箇条書きの前でいったん言い切る例（2）

マイクロソフトのオフィス用アプリケーションには多くのものが
あります。たとえば、次のような製品があります。

- ・ワード
- ・エクセル
- ・パワーポイント

　箇条書きの後で否定文が続く場合は、1度読んだだけでは趣旨を理解
できないおそれがあります。実際には否定文が続くことは少ないものの、
文脈によっては否定文が必要になることもあります。

●1つの文の中に箇条書きを挟み、否定文が続く例（悪い例）

たとえば、オフィス用アプリケーションのなかでも、

- ・ファイルメーカーPro
- ・Acrobat Reader
- ・Chrome

などは、マイクロソフトの製品ではありません。

これも、箇条書きの前に趣旨を述べることで読みやすくなります。

●箇条書きの前でいったん言い切る例

たとえば、オフィス用アプリケーションのなかでも、以下のもの

第5章　推敲と校正 | 175

はマイクロソフトの製品ではありません。

- ファイルメーカーPro
- Acrobat Reader
- Chrome

5.3.10　同じ意味を難しく言う

　意味がほとんど同じであれば、よりやさしい言葉を使ってください。どんな人が読者になるかはわかりません。相応の読書家であれば著者にとっては幸運ですが、専門外の初心者や、その分野に興味を持って初めて書籍を手にする中高生かもしれません。

　一般論で言えば、難しい熟語を使ったり、読者が初めて接する単語があっても悪くはありません。しかし技術書の主たる目的は、読者の文芸的な素養を育てることでも、著者の教養をひけらかすことでもありません。

●難しい言葉をやさしく言い直す例

　【例】彼の指導を得られたことは僥倖でした　→　思いがけない幸運でした

　【例】彼の研究はその分野の嚆矢となりました　→　先駆けとなりました、最初のものでした

　ほかにも、単語としては比較的簡単でも、言い回しが難しくならないように注意してください。複雑な言い回しや、二重否定は避けてください。

●難しい言い回しをやさしく言い直す例

　【例】他社製品との差異は微少です　→　違いはわずかです

　【例】シェアを失ったのは故なきことではなかったのです　→

第5章　推敲と校正

理由がありました

5.3.11 同じ意味を繰り返す

同じ意味の語句を繰り返すことを「二重表現」と呼び、よくある悪文の1つとしてあげられます。広く言われる冗談のように「頭痛が痛い」と書けばすぐに気づきますが、文章の中にまぎれると気づかないことがあります。

●同じ意味の繰り返しの例
【誤】この課題はまだ未解決です　→　【正】この課題は未解決です、この課題はまだ解決されていません（「まだ」「未」が重複）
【誤】価格を値上げしました　→　【正】価格を引き上げました、値上げしました（「価格」「値」が重複）
【誤】初めての第1作　→　【正】初めての作品、第1作（「初めて」「第1」が重複）
【誤】1位になりうる可能性がある　→　【正】1位になる可能性がある、1位になりうる（「なりうる」「可能性」が重複）

ほかにも、推敲中に起こりがちな単純ミスとして、前後の文章に注意せずに語句を加えたために、結果として二重表現になってしまうことがあります。丁寧に書き加えたつもりが、実はすでに同じ語句があって繰り返しになってしまったというものです。

●推敲中にやりがちな二重表現の例
【正】新しいファイルを作ってください　→　【誤】新しいファイルを新しく作ってください

第5章　推敲と校正　177

【正】初めてファイルを作成する場合は　→　【誤】初めてファイルを初めて作成する場合は

　なお、コマンドを実行して何かを操作する場合は、一見すると二重表現に見えることがありますが、あくまでもメニューの名前を挙げているだけですので、二重表現とは言えません。

●二重表現ではない例
　［ファイル］メニューから［保存］を選び、書類を保存してください。

　ただし、前の文は次のように書き換えるほうがわかりやすいでしょう。

●二重表現を書き換えた例
　書類を保存するには、［ファイル］メニューから［保存］を選んでください。

5.3.12　何度も同じ語を使う

　前後の文から話題の対象が明らかであれば、指示代名詞を積極的に使ったり、省略してください。文が始まるたびに対象を明記すれば正確になりますが、何度も連続して同じことを書かれると、読者にとっては了解済みのことをしつこく念押しされるように感じてきますし、表現のつたなさを感じさせます。

●指示代名詞を使わずに、出現するたびに繰り返す例（悪い例）
　iPhoneのホームボタンは、本体正面の下端にあります。iPhoneの

> ホームボタンは丸形で、指紋認証機能も付いています。また、iPhone
> のホームボタンを連続して2度または3度押す操作には、別の機能
> が割り当てられています。

前の文は、次のように書き換えられます。

> **●指示代名詞を使ったり、省略した例**
> iPhoneのホームボタンは、本体正面の下端にあります。そのボタ
> ンは丸形で、指紋認証機能も付いています。また、連続して2度
> または3度押す操作には、別の機能が割り当てられています。

　ただし、指示する対象が多い場合や、複雑な関係を説明する場合は、指示代名詞を使うとかえって取り違えるおそれのほうが大きくなります。内容が複雑な箇所にかぎっては、あえてそのたびに明記するほうがよいこともあるでしょう。

5.3.13　ひらがなが長々と続く

　日本語の文章は、漢字とひらがなが適度に混在するほうが早く意味を理解できます。ひらがなが長く続く文章は、かえって読みづらくなります。適度に漢字を使って、文章を短く、読みやすくしてください。

> **●ひらがなが続いて読みづらい文章の例**
> 必ずしも削除しなければならないわけではありません　→　削除
> しなくてもかまいません、削除する必要はありません

　話すように書くのも書き方の1つですが、書き言葉としての視覚的な読みやすさにも配慮してください。

■削除してもよい言い回し

　話し言葉で意味なく使ってしまう語に「ように」「という」「わけ」などがあります。ほとんどの場合は削除しても意味が通じるので、問題がなければ削除してください。短くすればよいわけではありませんが、一般的に、推敲が進むと文章はどんどん短くなります。

> ●無意味な「ように」「という」「わけ」の例
> 【例】作業が一区切り付いたら保存するようにしてください　→　保存してください
> 【例】平均値を求めるという操作を行います　→　平均値を求める操作を行います　→　平均値を求めます
> 【例】読みづらいというわけではありません　→　読みづらいわけではありません　→　読みづらくはありません　→　読みやすくなります

5.3.14　難しい漢字を使う

　とくに必要がないかぎり、難しい漢字は避けてください。漢字には、一般的には「常用漢字」として指定されているもののみを使います。この漢字は難しいかもしれないと感じたら、ひらがなで表記してください。ただし、個々の漢字が常用漢字であることを確かめる必要はありません。新聞社や通信社の記事で使われる漢字は常用漢字を基準にしているので、その程度と考えておけばよいでしょう。

> ●ひらがなで表記すべき漢字
> 情報漏洩の原因は杜撰な設計にありました　→　情報漏えいの原因はずさんな設計にありました。

ただし、「漏えい」のような、単語の一部分をひらがなにする書き方には違和感を持つ方も多いでしょう。その場合は、別の言葉で言い換えられないか考えてください。「情報漏えい」は、「情報流出」や「情報の持ち出し」などと言い換えられます。

●難読漢字を避けつつ、文意を明確にした例
　情報が持ち出された原因は、内部の犯行を想定しなかった設計にありました。

　設計が「ずさん」かどうかは著者の価値判断であるため、読者にとってはどのような問題があったのかわからず、こう考えるかもしれません。「著者はずさんだと言っているが本当だろうか。問題があったとしても、どの程度だったのだろう。ずさんと言うほどなのだろうか。もしかすると著者は大げさに言っているのではないか」。
　一方、「内部の犯行を想定しなかった設計」は事実の記述です。このように、難読漢字からの言い換えを考える過程で、よりわかりやすい文章になることがあります。評価をするのではなく、事実を示すように努めてください。もしも「設計」がどのようなものかわからないのであれば、調査不足ですから、本来は「ずさん」という価値判断もできないはずです。
　なお、人名や地名などの固有名詞は、ひらがなに直す必要はありません。必要に応じて、丸括弧（）で読み方を併記するのがよいでしょう。

●丸括弧で読み方を併記する例
　東京都世田谷区砧（きぬた）に本社を置いています。

■習慣的にひらがなにする漢字

　漢字で書かれた文章をひらがなに直すことを、出版界では「（ひらがなに）ひらく」と呼びます。技術書では、常用漢字であっても習慣的にひらくものが多くあります。

●技術書では習慣的にひらく漢字

・例えば　→　たとえば

・予め　→　あらかじめ

・特に　→　とくに

・更に　→　さらに

・但し　→　ただし

・尚　→　なお

・因みに　→　ちなみに

・大凡　→　おおよそ

・事　→　こと

・訳　→　わけ

・者、物　→　もの

・様　→　よう（例＝このような）

・様々　→　さまざま

・色々　→　いろいろ

・如何　→　いかが

・勿論　→　もちろん

・是非　→　ぜひ（「必ず」の意味ではひらがな。「可否」の意味で使うときは漢字。例＝ぜひ活用してください、是非を問う）

・成る　→　なる

・居る　→　いる

・……して見る　→　〜してみる（「試みる」の意味ではひらがな）

・……しても良い　→　〜してもよい

- 有る　→　ある
- 無い　→　ない
- 易しい　→　やさしい
- 幾つか　→　いくつか
- 方　→　ほう（「かた」と読むときは漢字。例＝画面の上のほう、従来のやり方）
- 出来る　→　できる（名詞として「出来」を使うときは漢字。例＝変換できる、出来がよい）

　ただし、最終的には1点ごとに判断され、その1冊の中で統一することのほうが重要です。たとえば「敲」（たたく）という漢字は常用漢字ではありませんが、本書は技術書の書き方の専門書であり、「推敲」という用語は頻繁に使われるため、「推こう」ではなく「推敲」と表記しています。そのかわり、最初にこの用語が登場する箇所ではひらがなで「推敲（すいこう）」と読み方を併記することで、読者の便宜を図っています。

　もしも書き方の専門書でなければ、そもそも「推敲」という言葉を使う必然性はありませんし、むしろ避けるほうがよいでしょう。たとえば、プログラミングの書籍においてユーザーに表示するメッセージを考える場合、小学生向けであれば「もっとわかりやすい文章にできないか、よく考える」、一般向けであれば「文を練る」「表現を考える」などと言い換えるほうがよいでしょう。

《筆者の場合》

　原稿の執筆にはジャストシステム「ATOK」を使い、別売のオプション辞書「共同通信社 記者ハンドブック辞書 for ATOK」を追加して、かな漢字変換時に言葉を選んでいます。たとえば「すいこう」と入力して変換すると、「推敲」は注意すべき用語と表示され、あわせて言い換えの語句として「文を練る」も表示されます。

第5章　推敲と校正　183

「記者ハンドブック」はもともと印刷書籍として刊行されています
が、ATOKの辞書として導入すると漢字変換中に確認できるうえ、紙
の辞書を引く手間がありません。ただし、印刷書籍の『記者ハンド
ブック』（共同通信社）にはさまざまな記事の書き方も解説されてい
るので、興味があれば両方使うことをおすすめします。

なお、ATOKの別売辞書にはほかにも、『広辞苑』などの国語辞典、
英和／和英辞典だけでなく、『角川類語辞典』のように言葉を言い換
えるときに参考になるものもあります。

5.3.15　名詞止め、体言止めを使う

文章を、名詞や代名詞で終える「名詞止め」や、体言（自立語で、活
用せず、主語となりえる単語）で終える「体言止め」は、特別に理由が
ないかぎり避けることを強くおすすめします。

名詞止めや体言止めはもともと、物事をはっきりと言い切らず、余情
を持たせるために和歌や俳句で使われるものです。技術書ではこのよう
な余情は不必要ですし、未知の知識を得たい読者には意味が不明確にな
るおそれが高く、著者の独りよがりになりがちです。長文を読み進める
中では文章のリズムも中断され、読みづらくなります。

●体言止めの例（書籍では悪い例）
ビル・ゲイツ。1955年、シアトル生まれ。プログラマーにして実
業家。慈善活動家としても。
●体言止めを使わないように改めた例
ビル・ゲイツは、1955年、シアトルで生まれました。プログラマー
にして実業家の経歴を持ち、現在は慈善活動家としても知られて
います。

なお、見出しにかぎっては、名詞止めや体言止めを使ってもかまいません。

5.3.16　名詞を「の」でつなげる

複数の名詞を「の」でつなげている文は、動詞を使って書き直すことを考えてください。

> **●複数の名詞を「の」でつなげた例（悪い例）**
> Dropboxのモバイル版のアプリのファイルは、端末の空き容量に応じて自動的に削除されます。

たいていの場合、このような「の」は初心者にとって意味するものがわかりません。動詞を使って意味を補い、1つでも「の」を減らしてください。

> **●動詞を使って書き直した例**
> Dropboxのモバイル版のアプリで扱うファイルは、端末の空き容量に応じて自動的に削除されます。

5.3.17　過度な造語や当て字をする

過度な造語はやめましょう。どうしても造語が必要であれば、明快な説明を加えてください。ほとんどの場合は、丁寧な説明を行えば造語をする必要はありません。

独自の手法や発想を説明しようとして、辞書にない言葉を作る方がいます。そのことに問題はありませんが、他人に伝わる言葉で説明しなけ

第5章　推敲と校正　185

れば、どれほどの思い入れを込めても読者には何のことかわかりません。

　造語が必要になるのは、話題にするたびに長い説明が必要になるため短くまとめたい場合です。これはまさにIT用語でもよくある例です。たとえば、「インターネットを通じて、データを保管するためのディスクスペースを貸すサービス」（『デジタル大辞泉』）は、既存のインターネット技術を組み合わせる技法の1つですが、話題としてとりあげるたびにこのように説明するのは煩雑ですので、最初に解説を述べ、次回からは「オンラインストレージ」という用語を使います。著者独自の造語でも同じことです。

> **●新しい言葉を定義しつつ解説を進める例**
> インターネットを通じて、データを保管するためのディスクスペースを貸すサービスが広く使われています。このようなサービスを「オンラインストレージ」と呼びます。オンラインストレージの特徴は……

　逆に言えば、長い説明が必要ではない場合や、何度もとりあげる必要がない場合は、むやみに造語をするべきではありません。

　実際に見られるケースとしては、「見せ分ける」「書き覚ます」のような、動詞を組み合わせる場合が目立ちます。意味するところは何となくわかる気がしますが、明確ではありません。「違いがわかるように見せる」「関連性を自覚できるように書き出す」のように具体的に書くべきです。

　どうしても造語を使いたいのであれば、次のように具体的に説明し、用語として定義してください。

> **●造語を定義する例**
> 単に羅列するのではなく、関連性を自覚できるように書き出して

ください。私はこの作業を「書き覚ます」と呼んでいます。

　同様に、「見る」を「観る」「視る」「看る」「覧る」などと書く「当て字」もやめましょう。映画の字幕のように、ストーリー性が強く、ごく短い文字数で表現しなければならないメディアでは効果を生みますが、技術書では十分な説明をするスペースがあるので、このような漢字を使う必然性はありません。必然性がある場合は、むしろ十分に説明をするべきです。

　当て字を使う必然性があるのは、広く一般に認知されていて、企画内容にふさわしい場合です。たとえば、録画や録音を扱う企画で、録画（撮影）の「撮る」と、録音の「録る」を使い分けるようなときです。「撮る」「録る」の表記は広告などでもよく見られますし、録画や録音に関する出版物であれば使い分ける必然性があります。

5.3.18　俗語を使う

　流行語や、特定の世代やコミュニティだけで使う言葉は避けてください。そのような言葉は仲間内で使うときは便利ですが、書籍になると、その分野に初めて触れる人や、ずっと年齢が離れた人が読むかもしれません。誰にでも通じる、意味が明快な言葉を選んでください。

　また、つたなさを感じさせる言葉は書籍の信頼を失いかねないので避けましょう。日常的に使っている言葉は著者本人には気づきにくいので注意してください。

●特定の世代やコミュニティだけで通じる言葉を使った悪文の例
【例】普通に使えます　→　十分役立ちます
【例】自社の製品感が欠けています　→　自社の製品であるという意識が欠けています

第5章　推敲と校正　187

【例】デフォのままではNGです　→　初期設定のままでは問題があります

　また、「○○的」という言い方は広く聞かれますが、その分野に通じていない読者にとっては意味が通じないことがあります。何となくわかったような気がするものの、具体的な内容を理解しづらい言葉だと言えます。「技術的」「経済的」「意図的」のように定着している言葉を除き、世代や業種が異なる読者にも通じる言葉であるか、考えてみてください。ほかにも、「的」に意味はなく、削除しても意味が通じることもあります。

●「○○的」を使った悪文の例
【例】自分的には違和感があります　→　自分としては違和感があります
【例】開発日程的に余裕が生まれます　→　開発日程に余裕が生まれます

　ほかにも、肯定を示す意味で「アリ」「有効」などの言い方も会話でよく聞かれます。しかし、文章にすると大変つたない印象になり、場合によっては意味が分からなくなります。意図するところを正しく記述してください。

●「アリ」「有効」を使った悪文の例
【例】他社製品を選ぶのもアリです　→　他社製品を選んでもかまいません
【例】他社製品の選択も有効です　→　純正品にはない機能を持つ製品もあるので、他社製品を選ぶと、より効果を発揮することがあります

本文中で「または」「および」の意味で「or」「&」を使うのはやめましょう。大意として間違いではありませんし、日本語で書くよりも短くなりますが、走り書きのノートのようで乱暴な印象になります。

> **●文中で「or」や「&」は使わない**
> 【例】コピーor複製してください　→　コピーまたは複製してください
> 【例】合計&平均を求めます　→　合計と平均を求めます

　ただし、複合語になっているものは「&」を使ってもかまいません。たとえば、「コピー&ペースト」「ドラッグ&ドロップ」「ルック&フィール」「プラグ&プレイ」は、分けると意味が変わってしまうので、「&」を含めた全体で一語として扱います。

5.3.19　漢字や慣用句を間違える

　漢字や慣用句の間違いに注意してください。語源から考えると、著者の意図とは逆の意味になってしまうこともあります。また、意味はわかっているのに、逆のことを書いてしまう例も見られます。

> **●漢字や慣用句などの間違いの例**
> 【誤】裏を言えば　→　【正】裏を返せば、逆に言えば
> 【誤】当時の私は経験もなく、役不足でした　→　【正】力不足
> 【誤】パソコンをウイルスソフトで守ります　→　【正】アンチウイルスソフト

　四字熟語や慣用句は、長々とした説明を書かずに短く言い換えられる便利なものですが、読者によってはそれらの言葉をそもそも知らなかっ

たり、誤解していたり、逆の意味に思い込んでいたりすることもあります。読み物の性格が強い企画でなければ、避けるほうが無難でしょう。

とくに、業界内で多用される慣用句は、初心者には雰囲気が伝わりません。できるだけ一般的な言葉で言い換えてください。

●業界特有の慣用句の例
【例】車輪の再発明に過ぎません　→　すでに存在し広く使われているものを最初から作り直すようなものであり、ムダな努力と言わざるをえません
【例】これはFAQのたぐいです　→　多くの人が似たような疑問を持つことでしょう

5.3.20　単語の意味を間違える

単語の間違いのなかには、同音異義語の誤変換や、そもそも意味を間違えている場合があります。

●誤用が目立つ同音異義語の例
【誤】理論を確率した　→　【正】確立した
【誤】全曲を無料で視聴できる　→　【正】試聴できる（本来有料のものを購入前に試す）
【誤】以外にも順調に進んだ　→　【正】意外にも（意識していたものの外である）

ほかにも、IT用語の間違いもよく見られます。本人は知っていても、キーボードの入力ミスもあるので注意してください。

●誤記が目立つIT用語の例

【誤】ディスクトップ　→　【正】デスクトップ（机の上）

【誤】ユーリティティ　→　【正】ユーティリティ

これらのような単純なミスの多くはワープロソフトの校正機能で見つけられます。

■「以上、以下、未満」の違い

実際に技術書の原稿でよく見られる誤りの例として「以上、以下、未満」の区別があります。

●以上、以下、未満の正しい意味

・**「以上」**：その値と、それよりも大きい値を指します。たとえば「3以上の整数」と言えば、3、4、5……のことです。

・**「以下」**：その値と、それよりも小さい値を指します。「3以下の整数」と言えば、3、2、1のことです。

・**「未満」**：その値を含まず、それよりも小さい値を指します。「3未満の整数」と言えば、2、1のことです。

もしも「5以下では……、5以上では……」と書いてしまうと、5はどちらになるのかわかりません。ところが、実際にはそのような原稿をよく見かけます。正しくは「5未満では……、5以上では……」と書くべきです。技術書では数字や値を頻繁に使うので、この3つの意味はよく理解してください。すべての読者がこれらを正確に理解しているとはかぎりませんが、正確に書けば誤解のおそれも減らせます。

ただし、内容によっては無理に「以上、以下、未満」を使わずに、別の言葉で言い換えることも考えてください。たとえばソフトウェアの仕様がバージョンによって異なることを示したいときは、「バージョン4.x

第5章　推敲と校正　191

までは……、5以降では……」と書けば、「以上、以下、未満」の区別を知らない読者が読んでも誤解のおそれはありません。あるいは、「以前は……でしたが、バージョン5で……へ変更されました」と書いてもよいでしょう。

5.3.21　専門用語を専門用語で説明する

専門用語や概念を説明するときに、別の専門用語を使って説明しないでください。扱うテーマが高度になるほど、また、著者が高度な知識を持っているほど、やってしまうおそれが大きいので注意してください。

> **●専門用語を専門用語で説明する例（悪い例）**
> 【例】Excelは、表計算ソフトの一種です。
> 【例】Gitは、バージョンコントロールシステムの一種です。
> 【例】OneDriveは、Dropboxのようなものです。

これらの文で説明すべき対象は「Excel」や「Git」や「OneDrive」ですから、これらを知らない人に向けて説明しているはずです。しかし、Excelを知らない、あるいは詳しくない人が、「表計算ソフト」という用語を知っていて、かつ抽象化できるほど理解しているとはかぎりませんし、むしろ知らない、理解していない場合のほうが多いでしょう。

前のような文章の後に、「表計算ソフトとは……」という説明があればよいのですが、実際には「Dropboxはみんな当然知っているはずだ」などの思い込みがあるためか、有名製品の名前を出して済ませてしまうケースがよくあります。

初心者はこのような説明では理解できないおそれが大きいものの、著者はこれで説明した気になってしまうので、初心者は置き去りになってしまいます。用語や概念を説明するときは、その企画が対象とする読者の全

員が知っていると期待できる、日常的なやさしい言葉で説明しましょう。

■専門用語のほうがよい場合

　読者層がとくに限定できる場合は、あえて別の専門用語を使って説明するほうがよい場合もあります。

　たとえば、Apple製の表計算ソフトに「Numbers」があります。NumbersはExcelよりもマイナーな存在ですので、Numbersの専門書であれば、その読者のほとんどはExcelを知っている可能性が高いと考えられます。よって、Excelを引き合いに出してNumbersを説明しても、おそらく問題ないでしょう。

　しかし、Mac初心者を対象にするのであれば、やはりExcelを引き合いに出さないほうがよいでしょう。パソコンそのものの初心者である可能性があるので、Excelも知らない可能性があるからです。

　一方、「WindowsユーザーのためのMac乗り換えガイドブック」のような企画であれば、Windowsについては一通りのことを知っていることが前提条件ですので、「ファイル」や「フォルダー」などの基本的な用語はあらためて丁寧に説明しなくてもよいでしょう。ただし、「ドライバー」や「アカウント」など、やや高度な用語になると、企画によって判断する必要があるでしょう。

5.3.22　主語が読者ではない

　操作手順を記述するときは、読者が主語になるように、つまり、操作の主体になるように記述してください。とくにステップ・バイ・ステップ式で解説するときは注意してください。

　上級者、なかでも開発にかかわっている方は、システム側からユーザーの操作を見た文章を書いてしまうことがあります。

第 5 章　推敲と校正 ｜ 193

●主語が読者ではない例

【例】システムへデータを受け取らせてください　→　システムへデータを送ってください

【例】規定の値が変更されないように注意してください　→　規定の値を変更しないように注意してください

ただし、開発者向けの原稿では、あえてこのように記述し、システム側の挙動を明確にしたい場合もあるでしょう。企画によって判断してください。

5.3.23　コマンド名で指示する

GUIのプルダウンメニューや、CUIのコマンド入力では、開発経験のある上級者ほどコマンド名を使って操作を指示してしまいがちです。

プログラムを実行するシステム側から見れば特定のルーチンを実行することになるので厳密な表現といえますが、ユーザーから見ると持って回った言い回しに感じられることがあります。

●コマンド名と読者への指示が混乱している例

【例】保存を実行してください　→　保存してください

【例】オプションの設定を行ってください　→　オプションを設定してください

5.4 著者校正の方法

　著者校正のゲラには、現在ではPDFを使うことがほとんどです。一般にはあまりなじみのない作業と思いますが、商業出版物を書く場合だけでなく、合同誌を制作するために編集者とやり取りするときや、自分自身で推敲にPDFを使う場合にも流用できる方法です。

5.4.1 著者校正のツール

　PDFは、一般的にはレイアウトを保ったまま書類を配布するのに使われていますが、さまざまな修正指示やコメントなどを書き込み、それらを追加して上書き保存することもできます。この書き込み機能は「注釈」と呼ばれます。注釈機能を使ってPDFに指示を書き込めば、プリントアウトをやり取りする必要がなくなります。

　PDFを表示できるアプリケーションは多くありますが、推敲や校正で使うときは、注釈機能をサポートするものが必要です。アプリケーションによっては、注釈に使えるツールが限られていたり、そもそも注釈機能をサポートしないものもあるので注意してください。

　さらに、商業出版を含め、他人とやり取りするときは、Adobe製の「Acrobat」または「Acrobat Reader」を使ってください。その理由として、注釈機能の互換性を保つことと、注釈機能は無料で使えることがあげられます。

　PDFの注釈機能は、すべてのアプリケーションで互換性が完全ではないのが実情ですので、あるアプリで書き込んだ注釈が、別のアプリでは表示されないことがあります。DTPを導入している大多数の出版社はAdobe製のアプリケーションで制作しているため、著者も同じものを使

第5章　推敲と校正　195

うほうがトラブルを減らせます。他社製のアプリケーションを使うと、編集者との間で思わぬ行き違いになるおそれがあるので避けてください。どうしても他社製のアプリケーションを使いたいときは、あらかじめAcrobatとの互換性を確かめてください。

　また、Acrobatには、有料版の「Acrobat」と、基本機能は無料で必要な機能だけを任意に追加できる「Acrobat Reader」の2種類があります。後者も一部機能は有料ですが、閲覧と注釈ツールに関しては無料です。有料版を使っていない場合は、まず「Acrobat Reader」をインストールしてください。以降、本書では両者をまとめて「Acrobat」と表記します。

▼「Adobe Acrobat Reader DC ダウンロード」（Adobe）
　https://get.adobe.com/jp/reader/

《筆者の場合》

　　よくある質問に、商業出版では、校正は紙に印刷して行うかどうかというものがあります。著者はPDFのまま画面で行い、編集者は紙で行うのが主流と思われます。

　　5年以上前は、出版社でプリントアウトされたゲラを宅配便やバイク便で送ってもらい、そこに修正指示を書き込んで送り返していました。単行本ともなれば少なくともA3ノビ用紙で120枚以上になるので、重さも量も相応です。修正箇所が少ないときは、受け取ったゲラを見て、修正内容だけをメールで送りました。時間に余裕がないときは、自分が出版社へ出掛けて、その場でゲラをチェックすることもありました。

　　近年は、PDFに出力したファイルを送ってもらい、そこにAcrobatの注釈ツールを使って修正指示を書き込んで送り返しています。出版社へ出掛ける時間や費用がかからず、慣れた自分のパソコンで校正できるので、著者としてもメリットがあります。ただし、印刷をしない代わりに、ゲラを広げられるだけの大きなモニターは必須で

す。サイズは少なくとも27インチ、さらに十分な解像度も必要で
しょう。

　一方、印刷メディアの編集者は、現在でも紙で校正することが一
般的です。編集者の校正内容を著者にも見せたい場合は、プリント
アウトに編集者が書き込んだものをスキャンして再度PDF化し、そ
れをやりとりします。出版社であれば本格的な複合機が使えるとい
う理由もあるでしょう。

　電子メディアの編集者は、著者と同様にPDFのまま画面で校正す
ることが多いようです。印刷メディアほど緻密なデザインをしない
という理由もあるでしょう。

　なお、校正の指示には「印刷校正記号」がJIS Z 8208に定められ
ていて、印刷メディアの編集者とDTPデザイナーの間のような細か
い指示で使われます。ただし、技術書では著者がそれほど細かな指
示をすることはまずないので、知らなくてもかまわないでしょう。

5.4.2　Acrobatの注釈ツール

　PDFのゲラに修正指示を書き込むときは2つの方法があります。①印
刷メディアで使われる校正記号を使い、フリーハンドで書き込む方法と、
②Acrobatの注釈ツールを使う方法です。①の場合は校正記号を学ぶ必
要があり、iPadのようなフリーハンドで描画しやすい機器とアプリが必
要ですが、ここまで厳密な指定が必要になることはまずないので、本書
では②の方法をおすすめします。

　Acrobatの注釈ツールを開くには、PDFファイルを開いてから、［表
示］メニューから［ツール］→［注釈］→［開く］を選びます。すると
ウインドウの上のほうに「注釈」ツールの段が表示されます。多くのア
イコンが表示されますが、よく使うのは左側の一部だけです。

第5章　推敲と校正 | 197

●Acrobatの注釈ツールのうち、とくに重要なもの

① ノート注釈を追加：クリックした箇所にノートを追加します。自由な位置にコメントを書き込むときに使います。
② テキストをハイライト表示：選択した範囲にマーカーを引きます。強調を指定したいようなときに使います。
③ テキストに取り消し線を引く：語句の削除を指示するときに使います。
④ 置換テキストにノートを追加：語句の修正（削除して、次に追加する）を指示するときに使います。
⑤ カーソルの位置にテキストを挿入：語句の挿入を指示するときに使います。

　可能であれば上記5つのツールを使い分けたいところですが、本書では最小限の知識として①②のツールを紹介します。各ツールの詳しい使い方を知りたいときは、［表示］メニューから［ツール］→［注釈］→［さらに詳しく］を選んでください。Webブラウザを起動してヘルプのページを開きます。
　注釈を書き込んだら、［ファイル］メニューから［保存］を選び、適宜保存してください。もしも作業中にアプリケーションがクラッシュすると、書き込んだ注釈が失われてしまいます。

《筆者の場合》

　正直に言って、Acrobatは使いやすいアプリケーションとは言いがたく、Acrobatが気に入っていると話す出版関係者も見たことがありません。動作が遅い、ウインドウ内の配置をカスタマイズできないなど、近年のプロ向けアプリケーションとしては洗練されていない点が多いからでしょう。しかし互換性の問題があるので、編集者とのやりとりにはAcrobatを使うしかありません。

　一方、推敲などの個人的な作業をするときはAcrobatは使いません。iOSではReaddleの「PDF Expert」、MacではMac版の「PDF Expert」やOS付属の「プレビュー」、Windowsではジャストシステムの「JUST PDF」などを使い分けています。

5.4.3　ノートを付ける

　注釈ツールには多くのものがありますが、ここでは最小限覚えて頂きたい「ノート注釈」と「ハイライト」の2つのツールの使い方を紹介します。本項では前者を紹介し、後者は「5.4.4 マーカーを引く」で紹介します。

「ノート注釈」ツールは、クリックした箇所に任意のコメントを書き込むためのものです。おもに、特定の範囲の文章とは無関係にコメントを付けたいときに使います。以下に手順を紹介します。

【ステップ1】「注釈」ツールを開き、「ノート注釈」ツールのアイコンをクリックします。するとアイコンが変わり、ツールを持ち替えた

第5章　推敲と校正 | 199

ことを示します。

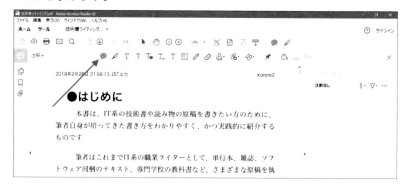

【ステップ2】ドキュメント上で、コメントを書き込みたい位置をクリックします。すると「ノート注釈」のアイコンが付くと同時に、入力欄が開きます（コメントのリストにも追加されますが、いまは無視してください）。ドキュメント上のアイコンは入力欄に隠れて見えないこともありますが、問題はありません。

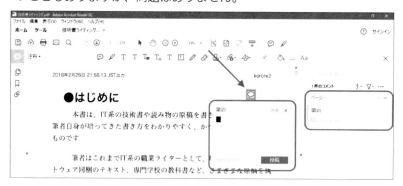

【ステップ3】コメントを入力してから「投稿」ボタンをクリックします（「投稿」といっても、とくに設定しないかぎり、どこかへ公開さ

れるわけではありません)。

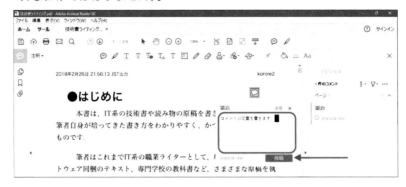

【ステップ4】コメントが確定します。ドキュメント上のウインドウを閉じるには、右上の「×」マークをクリックします。

【ステップ5】すでに確定したコメントを修正するには、ドキュメント上のアイコンをダブルクリックするか、ウインドウ右側に表示され

たコメントの一覧から、目的の文章をダブルクリックします。

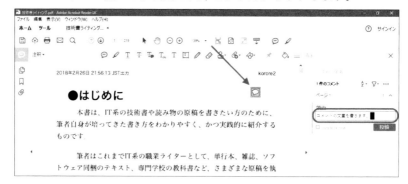

【ステップ6】いったん作成した「ノート注釈」自体を削除するには、ドキュメント上のアイコン、または、ウインドウ右側に表示されたコメントの一覧から目的のノート注釈をマウスの右ボタンをクリック（Macでは［control］キーを押しながらマウスのボタンをクリック）して、開いたメニューから［削除］を選びます。

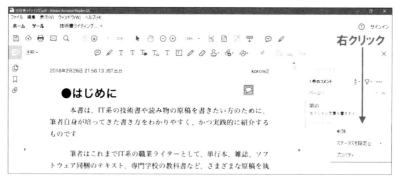

【ステップ7】操作を終えたら、必要に応じて矢印のアイコンの「選択」ツールをクリックして、基本のツールへ持ち替えます。「ノート注釈」ツールのままでは、どこかをクリックするとすぐにノート注釈

が作られてしまうので注意してください。

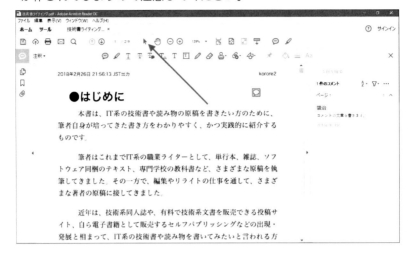

5.4.4　マーカーを引く

　少なくとも覚えて頂きたいもう1つの「ハイライト」ツールは、選択した範囲の文章にマーカーを引き、かつ、コメントを付けるものです。文字修正に関係するほかのツールの使い方は、「ハイライト」とよく似ています。

「ノート注釈」ツールと同様に、「ハイライト」ツールへ持ち替えてから操作することもできますが、本文で使われている文字の組み合わせによっては選択しづらくなるので、ここでは先に範囲選択をして、そこをハイライトする手順を紹介します。

【ステップ1】ツールバーの1段目から矢印のアイコンの「選択」ツールを探し、クリックします。このツールは、文章の上で使うと1文字

ずつ選択できるようになります。

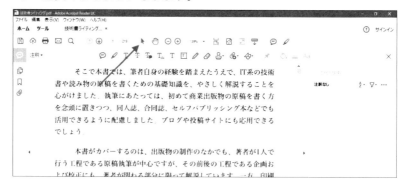

【ステップ2】選択したい範囲をドラッグして選びます。このとき、もしも思うように範囲指定できないときは、[Shift]キーを押しながら左右の矢印キーを押すと、範囲を1文字ずつ伸縮できます。ただし、文字選択の境界はあやふやに見えることが多いので、厳密に指定するよりも、コメントを正確に書くことをおすすめします（書き方は本項の中で紹介します）。

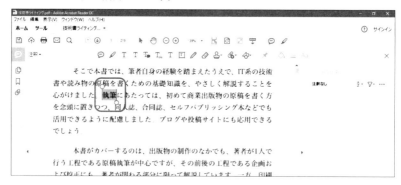

【ステップ3】「ハイライト」ツールをクリックします。選択範囲がハイ

ライトされ、ウインドウ右側のコメント一覧にも表示されます。

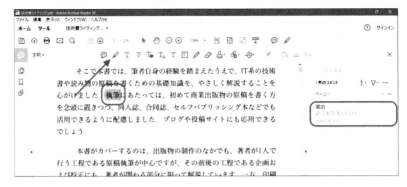

【ステップ4】ドキュメント上のハイライト、または、コメントの一覧から目的の項目をダブルクリックします。すると入力欄が開きます。

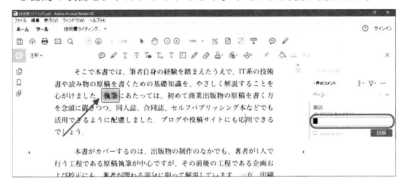

【ステップ5】入力欄へコメントを入力してから「投稿」ボタンをクリッ

第 5 章　推敲と校正　205

クします（コメントの書き方は本項の中で紹介します）。

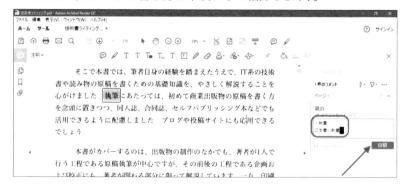

なお、「返信を入力...」と表示されたときは、元のハイライトに対する返信になります。正確に言えば「テキストをハイライト」部分をダブルクリックしなおすべきですが、ゲラは同じものを何度もやり取りすることはないので、校正の用途で使うかぎりはあまり気にしなくてもよいでしょう。

ツールを元の「選択」ツールへ持ち替えたり、書き込んだ注釈を修正または削除する手順は、前項で紹介したとおりです。

元の文章を書き換えたいときは、コメントに「元の語句」と「新しい語句」の両方を、誰が見てもわかるように書き込んでください。たとえば、次のようなものです。

> ●「または」を「および」へ修正する例
> 【書き換える例】旧：または（改行）→（改行）新：および
> 【書き換える例】×または（改行）→（改行）○および
> 【書き換えて、さらに追加する例】×または（改行）→（改行）○および、Cの場合は

読点や句点を含めて修正するときは、文章で示してください。Acrobatのハイライトの範囲はあやふやですので、思い違いの原因になりやすい

ためです。重要なことは、誰が見てもわかるように明快かつ確実に指示することです。見ればわかるだろうとは思わないでください。

> **●さまざまな修正指示の例**
> 【追加する例】「および」のあとに読点入れる
> 【文字以外の要素を指示する例】「呼びます。」のあとで改行する
> 【新しい文章を追加する例】「呼びます。」のあとで改行してから、次の文を追加「ただし、偶然にもAとBが同じ値の場合は……」
> 【語句を削除する例】「商業出版物の場合は、」を削除する

　とくに重要な修正箇所については、修正意図をあわせて書くのもよいでしょう。最終的に原稿は編集者に読ませるものではなく、読者に読んでもらうものですから、すべてのことは本文として説明すべきです。ただし、編集者とのやり取りのなかで説明しておきたいことがあれば、必要に応じて修正意図を説明すると、よりよい文章へ書き換えてくれたり、前後の文脈についても配慮してくれることがあります。

5.4.5　注釈とコメントはセットで

　注釈ツールを使って修正指示を書き込むときは、1つの修正箇所に対して、注釈を1つ付けてください。1つの修正個所に対して複数の注釈を付けると、修正作業の混乱を招くおそれがあります。

　よくあるケースとして、1箇所に対し、ノートとハイライトの両方が付けられていることがあります。このような付け方はしないでください。

●1箇所にノートとハイライトの両方がある例（悪い例）

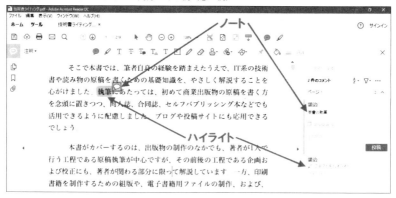

　この図では、本文に対してハイライトがあり、ほぼ同じ箇所にさらにノートが付けられています。意地の悪い言い方をすると、ノートにはコメントがありますが修正する箇所がわかりませんし、ハイライトにはコメントがないので修正内容がわかりません。

　前の図のように注釈を書き込んでも、1ページの修正箇所が少ない場合は、2つの注釈は同じ箇所のことだと判別できます。しかし、狭い範囲に多くの修正がある場合は、どの箇所に対してどのように修正したいのか区別できなくなってしまいます。

　Acrobatのコメント一覧表示には、コメント1つずつにチェックボックスがあるので、修正を済ませた箇所をチェックしていくことで、未修正の項目がわかります。また、コメントを絞り込むメニューを使うと、チェック済み（修正済み）のコメントを非表示にして、未修正の箇所をリアルタイムで調べられます。すべての編集者がこの機能を使っているとはかぎりませんが、少なくはないでしょう。

●Acrobatではチェックボックスを使ってコメントを1つずつ管理できる

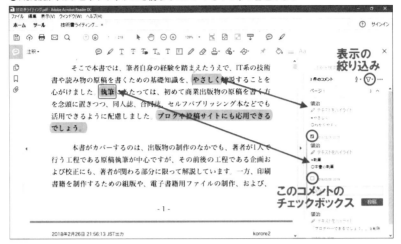

　なお、修正箇所によっては画面上で見えづらくなることがありますが、これを気にして別の注釈を追加して目立たせる必要はありません。編集者が前記の機能を使っていれば、たとえドキュメント上で重なっていても見落とすおそれはないはずです。

5.5 校了から発売まで

　商業出版の場合は、校了すると基本的には著者の仕事は終わりです。参考までに、印刷書籍の発売までのおおよその流れを紹介します。出版社や企画によって事情はさまざまですので、詳細な情報が必要なときは編集者に確かめてください。

　校了した後も、編集者はさまざまな作業を行います。原稿を印刷所へ送った後も、販売するものをすぐに印刷するのではなく、「青焼き校正」や「色校」（いろこう）など、テスト印刷とその結果の確認を行います。基本的には編集者が仕上がりを確認しますが、企画によっては、最終確認として著者も参加を求められることがあります。この段階で何らのミスが見つかることは少なくありませんが、それらをどの程度まで修正するかは編集者の判断によります。

　その修正作業も済んで最終の印刷データができあがると、いよいよ編集者の手も離れ、印刷と製本の工程へ進みます。

　ここから先は販売を担う部署が主役になりますが、編集者も書店向けの広報や、発売告知のPRなどを作成することが多くあります。

5.5.1　PRは一般向け告知の後で

　発売日が決定して書店での予約受付が始まったら、著者もPRを始めましょう。本来、出版物のPRは出版社の仕事ですが、SNSの普及もあり、著者本人の影響力は大きくなっています。本業に影響のない範囲でPRに努めてください。たとえば、ブログ記事の作成や、SNSへの投稿などです。それが難しい場合は、出版社の公式アカウントによる投稿を共有するだけでもよいでしょう。

ただし、書籍の発売日は、さまざまな理由により全国で同じではない点に注意してください。特定の書店やイベントに限って前倒しで販売することもありますし、逆に、輸送や流通の事情のために地域によって数日遅れる場合もあります。

　発売日を告知するときは、「予定」の文字を添えて「〇月〇日発売予定」と書いたり、「書店によって前後することがある」とただし書きを加えてください。その告知を見て行った書店で、たまたま納品が遅れていると、読者になってくれるかもしれない人に無駄足を踏ませてしまいます。

著者紹介

向井 領治（むかい りょうじ）

実用書ライター、エディター。1969年、神奈川県生まれ。信州大学人文学部卒。パソコンショップや出版社の勤務などを経て、96年よりフリー。単著共著あわせて50点以上を執筆する一方、Webや印刷物の制作などの実務も手がける。

著書に『考えながら書く人のためのScrivener入門——小説・論文・レポート、長文を書きたい人へ』『いつでもどこでも書きたい人のためのScrivener for iPad & iPhone入門——記事・小説・レポート、文章を外出先で書く人へ』（以上、ビー・エヌ・エヌ新社）、『Mac、iPhone、iPadユーザーのための これだけでかなりEvernoteが使える本』『あなたのWebをWordPressで再起動する本』（以上、ラトルズ）など。

Web：www.mukairyoji.com

Twitter：@mukairyoji

◎本書スタッフ

アートディレクター/装丁：岡田 章志＋GY

編集：ピーチプレス

デジタル編集：栗原 翔

●本書の内容についてのお問い合わせ先

株式会社インプレスR&D　メール窓口

np-info@impress.co.jp

件名に「『本書名』問い合わせ係」と明記してお送りください。

電話やFAX、郵便でのご質問にはお答えできません。返信までには、しばらくお時間をいただく場合があります。なお、本書の範囲を超えるご質問にはお答えしかねますので、あらかじめご了承ください。

また、本書の内容についてはNextPublishingオフィシャルWebサイトにて情報を公開しております。

https://nextpublishing.jp/

●落丁・乱丁本はお手数ですが、インプレスカスタマーセンターまでお送りください。送料弊社負担 にてお取り替えさせていただきます。但し、古書店で購入されたものについてはお取り替えできません。
■読者の窓口
インプレスカスタマーセンター
〒101-0051
東京都千代田区神田神保町一丁目105番地
TEL 03-6837-5016／FAX 03-6837-5023
info@impress.co.jp
■書店／販売店のご注文窓口
株式会社インプレス受注センター
TEL 048-449-8040／FAX 048-449-8041

はじめての技術書ライティング—IT系技術書を書く前に読む本

2018年3月30日　初版発行Ver.1.0（PDF版）

著　者　向井 領治
編集人　桜井 徹
発行人　井芹 昌信
発　行　株式会社インプレスR&D
　　　　〒101-0051
　　　　東京都千代田区神田神保町一丁目105番地
　　　　https://nextpublishing.jp/
発　売　株式会社インプレス
　　　　〒101-0051　東京都千代田区神田神保町一丁目105番地

●本書は著作権法上の保護を受けています。本書の一部あるいは全部について株式会社インプレスR&Dから文書による許諾を得ずに、いかなる方法においても無断で複写、複製することは禁じられています。

©2018 Mukai Ryoji. All rights reserved.
印刷・製本　京葉流通倉庫株式会社
Printed in Japan

ISBN978-4-8443-9797-7

 NextPublishing®

●本書はNextPublishingメソッドによって発行されています。
NextPublishingメソッドは株式会社インプレスR&Dが開発した、電子書籍と印刷書籍を同時発行できるデジタルファースト型の新出版方式です。https://nextpublishing.jp／